植物景观设计

主　编　杜　丹　马德兴
副主编　邹能松　崔利杰　刘　彬
参　编　朱钦震　李　杰　叶素琼
　　　　李　宁　尹中健　杨　柳
　　　　侯飞飞　殷崇敏　马亮亮

北京理工大学出版社
BEIJING INSTITUTE OF TECHNOLOGY PRESS

内容提要

本书在编写过程中针对教师所"教"、学生所"学"、企业所"需"容易脱节的问题，立足工作岗位职业能力需求，结合课程性质、学生知识进阶和职业成长规律，校企双元共同进行项目和任务设计，内容从工作任务、知识准备、拓展知识、任务实施、拓展训练、作品赏析等方面全面展开，尤其在实践技能部分，从方案分析、植物方案到种植施工图都有完整的文字说明和图纸展示，具有直观、清晰的指导性。全书主要内容包括初识园林植物景观设计、园林植物景观设计方法分析与图纸表达和园林植物景观设计案例分析。

本书可作为高等院校风景园林设计、园林技术、园林工程技术、城市规划、建筑和环境艺术设计等专业的教材使用，也可供相关专业人员参考或作为成人教育园林类专业的培训教学用书。

版权专有　侵权必究

图书在版编目（CIP）数据

植物景观设计 / 杜丹，马德兴主编 . -- 北京：北京理工大学出版社，2025.1.
ISBN 978-7-5763-5133-0

Ⅰ . TU986.2

中国国家版本馆 CIP 数据核字第 202524D414 号

责任编辑：李 薇		文案编辑：李 薇	
责任校对：周瑞红		责任印制：王美丽	

出版发行 / 北京理工大学出版社有限责任公司
社　　址 / 北京市丰台区四合庄路 6 号
邮　　编 / 100070
电　　话 / (010) 68914026（教材售后服务热线）
　　　　　(010) 63726648（课件资源服务热线）
网　　址 / http://www.bitpress.com.cn
版 印 次 / 2025 年 1 月第 1 版第 1 次印刷
印　　刷 / 河北鑫彩博图印刷有限公司
开　　本 / 787 mm × 1092 mm　1/16
印　　张 / 11.5
字　　数 / 255 千字
定　　价 / 89.00 元

图书出现印装质量问题，请拨打售后服务热线，负责调换

前言
PREFACE

随着城市化的快速发展，人们对美化生活环境和生态保护提出了更高的要求。党的二十大报告提出："大自然是人类赖以生存发展的基本条件。尊重自然、顺应自然、保护自然，是全面建设社会主义现代化国家的内在要求。必须牢固树立和践行绿水青山就是金山银山的理念，站在人与自然和谐共生的高度谋划发展。我们要推进美丽中国建设，坚持山水林田湖草沙一体化保护和系统治理，统筹产业结构调整、污染治理、生态保护、应对气候变化，协同推进降碳、减污、扩绿、增长，推进生态优先、节约集约、绿色低碳发展。"可见，园林植物景观设计是美丽中国建设中不可或缺的一部分，其作用与地位尤为凸显，同时也被赋予了更高的要求。本书以习近平新时代中国特色社会主义思想为指导，贯彻党的二十大精神，将思想价值引领贯穿整个内容体系，培养具有文化自信、艺术审美修养和职业素养的技术技能复合型人才。

本书是一本专注于园林植物景观设计的专业教材，旨在系统性地介绍园林植物景观设计的理论与实践。在践行习近平生态文明思想和绿水青山就是金山银山的理念上，本书紧紧围绕立德树人的根本任务，立足工作岗位职业能力需求，结合课程性质、学生知识进阶和职业成长规律，校企双元共同进行项目和任务设计。针对教师所"教"、学生所"学"、企业所"需"容易脱节的问题，教材从工作任务、知识准备、拓展知识、任务实施、拓展训练、作品赏析等方面全面展开内容设计，深入剖析各类型园林植物景观设计的原理和方法，将工作内容项目化、任务化。

按照学习的知识由易到难、技能由简到繁的顺序，本书将内容整合成3个项目、12个工作任务。项目1从认识园林植物景观设计、园林植物的观赏特征及应用、园林植物与环境及其生态习性的应用、园林植物与其他造景元素4个任务带领读者走进园林植物景观设计的世界；项目2从园林植物景观设计的种植方式分析、园林植物景观空间设计、园林植物景观设计程序与图纸内容3个任务来讲解园林植物景观设计的方法与图纸表达的要求；项目3则结合市场导向，选取道路绿地、庭园、城市滨水绿地、乡村、花境五种园林绿地类型，对项目 1 和项目 2 中的基础知识进行应用，重点根据企业实际岗位工作流程，结合绿地性质，分析植物景观的设计方法与实践操作。让读者在学与做的过程中体会植物景观设计的境界，并将知识目标、能力目标与素质目标融入其中，从而达到全面育人的目的。

本书特色与创新点主要体现在以下四个方面。

（1）路径创新，素质教育学习过程全覆盖。本书以习近平新时代中国特色社会主义思想为引领，落实"立德树人"根本任务、社会主义核心价值观"三进"工作和"绿水青山就是金山银山"的重要理念，在教学案例植入生态文明、文化自信、爱国情怀、大国工匠，将精益求精的工匠精神、专业精神、职业精神与专业知识、技能共同构建为内容体系，做到知识、技能与价值观教育同设计、同实施、同评价。

（2）模式创新，融企业资源于教材之中。本书采用校企双元结合的编写模式，本书中的任务大部分由学校教师和企业人员共同编写，尤其是实践项目环节，编写内容更加注重与企业真实项目流程对接，让学生在学习教材时就能体会到工作情境。将教学内容与企业案例紧密结合，通过工作任务引入知识准备，进而通过任务实施将理论知识进行应用，再通过设计成果的展示让学生深入掌握园林植物景观设计的实操方法与图纸表达，锻炼其对实际案例的思考能力、设计能力，培养创新精神及团队合作意识。

（3）内容创新，教材内容具有独创性。本书紧密结合国内行业的最新发展动态，教学模块紧贴学科前沿，教材更加关注风景园林文化、人居环境福祉等方面的内容。与国内同类教材相比，本书不但在任务教学中对中国传统园林文化内容的讲授有所侧重，而且增加了当前行业内较为热门的庭园、花境、乡村等植物景观设计领域的内容，让学生从人居环境福祉营造的站位去重新认识、发掘中国风景园林的优秀文化传统。

（4）形态创新，纸媒与数媒融合一体。本书运用现代信息技术创新教材呈现形式，形成纸媒与数媒融合的新形态一体化教材。配备丰富数字资源，加入二维码为学生提供可听、可看、可感的学习体验；拓展相关知识和经典案例，拓宽学生知识面和国际视野。利用灵活的排版方式、丰富的图片增强视觉体验，展示专业之美，对学生进行美育。

根据知识体系和编者工作经历，本书具体编写工作分工如下：项目 1 中任务 1 由杜丹编写，任务 2、3 由殷崇敏、杜丹共同编写，任务 4 由邹能松编写；项目 2 中任务 1 由杜丹编写，任务 2 由朱钦震、邹能松共同编写，任务 3 由朱钦震、杨柳共同编写；项目 3 中任务 1 由马德兴、叶素琼共同编写，任务 2 由尹中健、侯飞飞共同编写，任务 3 由崔利杰编写，任务 4 由李杰编写，案例由马亮亮提供，任务 5 由刘彬、李宁共同编写。全书由杜丹、邹能松统稿，书中手绘部分由朱钦震完成，涉及的岗位技能、岗位流程部分由杨柳和崔利杰把关。本书中小部分图片来源于网络，在此对相关的资源作者表示感谢！

时至当下，市面上关于植物景观方面的教材已数量众多，本书编写团队本着做好植物景观设计的初心，从相关理论到贴合市场技能的思路进行讲解、分析，如本书能给读者带来帮助，我们将感到莫大的欣慰。因编者水平、阅历有限，书中难免存在疏漏和不足之处，恳请各位读者不吝赐教。

编　者

目录
CONTENTS

项目 1 初识园林植物景观设计 ·· 001

    任务 1 认识园林植物景观设计 ··· 002

    任务 2 园林植物的观赏特征及应用 ··· 017

    任务 3 园林植物与环境及其生态习性的应用 ··· 027

    任务 4 园林植物与其他造景元素 ··· 036

项目 2 园林植物景观设计方法分析与图纸表达 ································· 059

    任务 1 园林植物景观设计的种植方式分析 ··· 060

    任务 2 园林植物景观空间设计 ··· 072

    任务 3 园林植物景观设计程序与图纸内容 ··· 083

项目 3 园林植物景观设计案例分析 ·· 092

    任务 1 道路绿地植物景观设计 ··· 093

    任务 2 庭园植物景观设计 ··· 111

    任务 3 城市滨水绿地植物景观设计 ··· 125

    任务 4 乡村植物景观设计 ··· 135

    任务 5 花境设计 ··· 149

参考文献 ··· 175

项目1　初识园林植物景观设计

项目描述

园林植物景观在现代社会中扮演着重要的角色，它不仅能改善城市生态环境、提升生活品质，更是在生态文明建设、城市可持续发展中发挥着不可替代的作用。合格的植物景观设计师应该秉承"生态、人文、创新、共赢"的价值观，以"为创造生态美丽人居环境"为使命，致力于为人居环境提供更和谐、更美丽及可持续的植物景观方案。作为植物景观设计师，只有具备植物景观方面的基础理论知识，才能在岗位工作中游刃有余。

项目分析

学习园林植物景观设计的基础理论，要求系统掌握相关知识体系，并通过实践加以应用。首先，需要深入了解园林植物景观设计的概念、功能、设计原则，以及现状与未来发展趋势；其次，熟悉常见园林植物的观赏特征、生态习性及其在景观设计中的具体应用；最后，掌握园林植物与山石、水体和建筑之间的协调配置关系。通过系统化的知识整合，为后续从事园林植物景观设计工作打下坚实的专业基础。

学习目标

➢ 知识目标

熟悉园林植物景观设计的概念；熟悉园林植物景观设计的功能；了解园林植物景观设计的现状与发展趋势；熟悉常见园林植物的观赏特征及其应用；熟悉常见园林植物的生态习性及其影响。

➢ 能力目标

能科学合理地进行园林植物景观评价；能将园林植物景观设计原则应用于具体的设计中；能进行园林植物与其他造景元素的景观设计。

➢ 素质目标

具有一定的园林艺术审美情操；具有专业、严谨的岗位责任意识；具有爱国主义情怀；增强文化自信，培养工匠精神。

任务 1　认识园林植物景观设计

工作任务

分析植物景观在杭州西湖景观建设中的功能、设计原则。

知识准备

园林是指在一定的地域范围内，运用工程技术手段和艺术手法，利用并改造天然山水地貌或人为地开辟山水地貌，结合植物的栽植和建筑的布置，从而构成一个供人们观赏、游憩、居住的环境。园林是在一定物质基础上的精神产品，它的构成要素主要为山石（地形）、水体、植物和建筑。其中，组景量最大的是植物，其赋予园林无限生机与魅力，既体现地域特色、景观风格、工程质量，又能体现时代特征与社会意识。随着生态意识、环境意识的增强，在园林景观建设中越来越关注和重视植物景观的营建。

一、相关概念

地球上的植物大约有 30 万种，近 1/10 生长在中国。我国国土辽阔，地跨寒、温、热三带，山川逶迤、江河纵横，奇花异草繁多，植物资源极为丰富。园林植物是指适用于园林绿化的植物材料的统称，是能够美化、净化环境，具有一定观赏价值、生态价值和经济价值的特定植物材料。园林植物分为木本园林植物和草本园林植物两大类。

园林植物景观设计最初称为植物配置，于 1950 年年初提出，属于园林设计范畴，较适合微观或私家庭园。1990 年年初，我国园林界第一位工程院院士汪菊渊先生提出植物造景的概念。改革开放以来，随着环保意识不断提高，各地纷纷争当园林城市，努力提高绿地率、人均绿地率，园林项目也逐渐向国土治理靠近，植物景观的尺度和范围也大大提高，每个城市先要进行城市的植物多样性规划，任何一个园林项目在概念规划和方案设计阶段都应同步考虑植物景观的规划与设计，植物景观正式纳入规划设计的范畴。

植物造景为运用乔木、灌木、藤本及草本植物等题材，通过艺术手法，充分发挥植物的形体、线条、色彩等自然美（也包括把植物整形修剪成一定形体）来创作植物景观。随着学科的发展、社会的进步、生态城市建设的深入，植物景观的内涵也随着景观概念的发展而不断发展，传统的植物造景已不能适应生态城市建设的需求，植物景观设计不再只是追求视觉艺术效果的景观，还应创造出合理的群落结构与完善的生态功能。

植物景观设计是指在项目总体规划和植物景观规划的指导下，完成场地具体种植设计的过程，主要包括选择具体的品种、确定种植方式等。植物景观设计一般分为图纸设计阶段（包含初步设计、详细设计和施工图设计）和施工阶段。

二、园林植物景观功能

1. 美学功能

园林植物景观最基本的功能就是充分体现植物的观赏特征，展示园林植物的不同姿态美、色彩美、风韵美或意境美，如图 1.1.1 所示。不同的园林植物形态各异、色彩缤纷，植物既可以在建设中作为景观的主景，通过不同的种植方式和艺术手法展示植物的个体美或群体美，又可作为景观的配景，协调整体景观，也可以与其他造景元素一起完善景观空间，还能烘托景观设施，强调主题。另外，园林植物也可作为景观的背景，丰富景观层次，突出前景。

(a)　　　　　　　　　　　　　　　(b)

图 1.1.1　园林植物展现的观赏效果
(a) 上海金地嘉悦湾；(b) 广州保利产品体验中心

2. 文化功能

植物的文化功能起源于《诗经》，从比兴到托物言志，从人格化到传统民俗，植物在长期的生产应用中逐渐被人们赋予了景观的文化内涵。岁寒三友、花中四君子、中国十大传统名花等众多植物都是人们熟悉的文化植物的代表。古人借植物文化抒情表意，苏轼的"宁可食无肉，不可居无竹"，借竹子表达自己超然不俗的人生态度；周敦颐的"出淤泥而不染，濯清涟而不妖"表达自己在黑暗的官场永远保持高洁的操守和正直的品德；陆游的"零落成泥碾作尘，只有香如故"，借梅言志，比喻自己虽终身坎坷，但绝不媚俗的忠贞……

在园林景观中，很多植物文化被创造者提炼成景观主题，松柏、青竹、梧桐、枇杷、梅花、桂花、荷花、牡丹、石榴、垂柳等在景点文化设计中频频出现。我国古代造园，无论是皇家园林还是私家园林，都好以植物题名景点。圆明园以植物为主题命名的景点不少于 150 处，约占全部景点的 1/6，不少景点以花木作为主要造景内容，如杏花春馆的文杏、武陵春色的桃花、镂月开云的牡丹、濂溪乐处的荷蕖、天然图画的竹林等。拙政园中以植物命名的景点有玉兰堂的白玉兰，梧竹幽居的梧桐和修竹，海棠春坞的垂丝海棠，雪香云蔚的梅花，听雨轩的芭蕉，荷风四面亭、芙蓉榭和远香堂的荷花等 16 处之多（图 1.1.2）。

3. 实用功能

植物和建筑、山石一样具有构成空间的功能，利用植物材料可以塑造不同形式的空间，如开敞空间、半开敞空间、闭合空间、覆盖空间和垂直空间。而且由于植物的生命性，其空间随时间的变化也会进行转变，如种植落叶乔木，茂盛期形成的是覆盖空间，到了冬季叶片凋落可能就会形成垂直空间，这种空间转变体现出建筑、山石不具备的灵活性，丰富了景观的多样性。"虽由人作，宛自天开""小中见大""移步换景"自古就是我国园林追求的景观效果。在空间的组织中，利用植物创造一定的视线条件来增强空间感，提高视觉和空间的序列质量，或形成夹景，加强景深；或形成障景，引人入胜；或形成框景，园中有园，让游览者感受园林的空间之美、艺术之美（图1.1.3）。

(a)

(b)

(c)

(d)

图 1.1.2　苏州拙政园中植物景观文化

（a）玉兰堂的白玉兰；（b）海棠春坞的垂丝海棠；（c）荷风四面亭的荷花；（d）雪香云蔚的梅花

图 1.1.3　成都锦瑭养老机构中的竹园景观，舒适宜人

园林植物中的芳香植物具有保健功能，是当今康体疗养景观中最重要的景观组成部分。随着人们对健康越来越重视，越来越多的学者开展对于芳香植物的保健功能及其植物配置的研究，康体疗养景观也更多地出现在我们身边。香樟、白玉兰、薰衣草、垂丝海棠、紫玉兰、广玉兰、合欢、八仙花、小叶栀子、柠檬马鞭草、银杏、月桂、丹桂、金桂、蜡梅、迷迭香、茶梅等都属于这类植物。

项目 1　初识园林植物景观设计

4. 生态功能

园林植物在园林景观建设中最重要的意义在于其生态功能，在生态文明建设中发挥着重要的作用。植物景观的生态功能具体表现在两个方面：一是对城市的生态防治作用；二是对被污染地区的生态修复作用（图 1.1.4）。生态防治作用主要指园林植物在改善小气候、降低噪声、净化空气与水质、保持水土、防灾减灾等方面的作用。生态修复作用主要指通过植物的吸收、挥发、根滤、降解、稳定等作用，净化空气、水和土壤中的污染物，达到净化环境的目的，是一种很有潜力、正在发展的清除环境污染的绿色技术。园林植物景观的建设应该在满足植物生态习性的前提下，科学合理地配置，以便发挥植物群体的生态功能改善生活环境。

【拓展知识】风景园林与生态文明建设

图 1.1.4　西溪国家湿地公园发挥着重要的生态作用

三、园林植物景观设计原则

园林植物景观设计包括两方面的内容，第一是各种植物相互之间的配置，需考虑植物种类的选择、组合、平立面构图、色彩搭配、季相变化、园林意境等；第二是园林植物与其他园林要素如建筑、小品、山石、水体、地形等相互之间的配置。

不同的园林植物具有不同的生态特征和形态特征，它们枝、干、叶、根、果的形态、色彩、大小各不相同。有些树木在幼年、壮年、老年及四季的景观也具有较大的差异。因此，在进行园林植物景观设计时，必须依据一定的原则，因地制宜，既要保证植物正常的生长，又要发挥其观赏特性。

1. 功能性原则

园林绿地具有景观、生态、经济、防灾避险、卫生防护等功能，实现植物的功能是营造植物景观的首要原则。在进行园林植物景观设计时，应根据城市绿地的类型及人们的需求，选择不同的植物营造不同的植物群落类型，来体现园林的功能，并创造出丰富多彩且与周围环境相互协调的植物景观。工厂植物绿化的主要作用是减轻污染、美化环境。所以，在进行园林植物景观设计时就应该选择一些抗污染能力强的树种。例如，在无锡摩比斯厂区的植物绿化中，选用的就是抗性较强的龙柏与大叶黄杨球作为基调树种［图 1.1.5（a）］。又如，街道绿化的主要功能是美化环境、遮阴防护，以及吸收尘埃、净化城市空气。青岛兴阳路道路绿化为得到夏季能够遮阴、冬季能够晒阳的效果，选用抗性较强、冠幅较大的落叶树种悬铃木与紫叶李作为道路绿化的主干树种［图 1.1.5（b）］。

· 005 ·

(a)　　　　　　　　　　　　　　　　　(b)

图1.1.5　摩比斯厂区绿化与青岛兴阳路绿化

(a) 摩比斯厂区绿化；(b) 青岛兴阳路绿化

2. 生态性原则

要使植物景观能够充分发挥其各方面的效益，就必须要遵守植物的生态原则。园林植物的生长习性各不相同，如果立地条件与其生长习性相悖，往往会造成植物生长不良甚至死亡。所以，在进行园林植物景观设计时要遵循园林植物配置的生态原则，充分考虑物种的生态特征，合理选择植物种类，形成结构合理、功能健全的稳定群落结构。其中，各地的市花、市树和乡土树种是构建稳定群落的首选。园林植物景观设计的生态原则主要包括以下两个方面。

【拓展知识】我国各大、中城市的市花市树名录

（1）尊重植物的生态习性及当地的自然环境。植物在长期的系统发育中形成了对不同环境的适应性，这种特点一般来说是难以改变的。如有些植物喜阴、有些植物喜阳，有些植物耐旱、有些植物耐湿等。园林植物景观设计如果不尊重植物的生态特征和生长规律，就会生长不良，更不用谈植物造景的风格了。如垂柳耐水湿，适宜种植在水边；而红枫弱阳性、耐半阴，阳光下红叶似火，但是夏季孤植于阳光暴晒处则会被日光灼伤，故宜种植在高大的乔木边缘［图1.1.6（a）］。

植物除了有固定的生态习性外，还有明显的自然地理条件特征。每个区域的地带性植物都有各自的生长气候和地理条件背景。植物经过长期的生长，与周期的生态系统形成了良好的互生关系，因此在引种该类植物时必须满足其对生态环境的要求。例如，热带植物（如鹤望兰）喜欢生长在高温、高湿的环境中，在引种到温带地区时，温度、湿度是其存活的主导因子，因此将其配置在温度较高、湿度较大的微环境中较易成活［图1.1.6（b）］。

(a)　　　　　　　　　　　　　　　　　(b)

图1.1.6　红枫配置在半阴条件下与鹤望兰配置的小环境

(a) 红枫配置在半阴条件下；(b) 鹤望兰配置的小环境

· 006 ·

植物在长期的生长过程中也会产生相生相克的关系，这种关系称为他感作用。有的物种长期共同生活在一起，彼此互相依存。例如，兰科植物、云杉、栎树、桦木等植物与根菌具有共生关系；一些植物的分泌物有利于另一种植物的生长发育，如黑接骨木对云杉根的分布有利。有的物种彼此之间不能共存或生长不好，如胡桃与苹果、梨和桧柏栽植在一起容易发生转主寄生的病虫害。因此在选择植物种类时，必须考虑到植物的他感作用，确保构建和谐的植物群落。

（2）遵守生物多样性原则。城市绿地中一般植物种类较少，植物群落结构单调，缺少自然地带性植物特色，而单一结构的植物群落由于种类较少，形成的生态群落结构很脆弱，极易像逆行方向演替，造成草坪退化、树木病虫害增加。根据生态学"种类多样导致群落稳定性原理"，要使园林绿地稳定、协调发展，就必须提高城市绿地的生物多样性。多样的物种种类，不仅能提高群落的观赏价值，形成丰富多彩的植物景观，还能增强群落的抗逆性和韧性，有利于保持群落的稳定，更好地发挥植物群落的生态功能（图1.1.7）。

(a)　　　　　　　　　　　　　　(b)

图1.1.7　苏州白鹭园生态配置与植物群落生态配置
（a）苏州白鹭园生态配置；（b）植物群落生态配置

3. 艺术性原则

随着现代社会文明程度的提高，人们欣赏园林景观的水平也日益提高，这也对植物造景提出了更高的要求。园林植物景观设计需要在尊重生态的基础上，遵循美学原理，借鉴自然美的精髓，运用现代的设计理论，创造出更多、更好符合时代节奏的现代园林景观。植物造景不仅要营造园林植物的一时景观，更要重视季相变化及不同生长期的景观，从而达到步移景异、时移景异的效果。

园林植物景观设计要表现出植物群落的美感，体现出科学性与艺术性的和谐。这需要我们在进行园林植物景观设计时，熟练掌握各种植物材料的观赏特性和造景功能，并对整个群落的植物配置效果进行整体的把握。植物之间要有高矮的对比、颜色的对比、叶形的对比、疏密的对比等［图1.1.8（a）］。园林植物景观设计时要注意到植物空间的开合关系，空间的尺度、高度，以及与游人之间的视线关系。同时，对所营造出来的植物群落的动态变化和季相景观要有较强的预见性，要注意植物色彩美与季节的关系和颜色搭配的协调性，以及植物生长周期中幼年与成年时的植物景观，使植物在生长周期与一年四季中都表现出不同的景观效果［图1.1.8（b）］。

4. 文化性原则

植物可以记载一个城市的历史，见证一个城市的发展历程，向世人传播它的文化，可以像建筑、雕塑一样成为城市文明的标志。作为中国古典艺术中的精品，具有历史文化内涵的古典园林有许多造园手法值得借鉴，特别是古人利用植物营造意境的文化成就。中国灿烂的文化赋予了植物抽象的、极富思想感情的美，即意境美。植物本身所具有的丰富寓意和立体观赏特性使园林充满诗情画意。古典园林中植物的姿态、香味等通过刺激人的感官传情达意，反映出古代文人墨客的情感和审美情趣。例如，江南私家园林常常以粉墙为背景，配置几竿修竹、数块山石、三两棵芭蕉，就构成了韵味十足的园林景观［图1.1.9（a）］。

图1.1.8　园林植物的艺术配置与园林植物配置的对比
（a）园林植物的艺术配置；（b）园林植物配置

特定的文化环境，如历史遗迹、纪念性园林、风景名胜、宗教寺庙、古典园林等，要求通过各种植物的配置使其具有相应的文化氛围，从而使其在主观感情与客观环境之间产生各种共鸣联想。例如，列植用常绿的松柏，会营造出庄严、肃穆的气氛；开阔的疏林草地则给人以开朗舒适、轻松自由的感觉［图1.1.9（b）］。

图1.1.9　江南园林的文化意境与中山陵的文化意境
（a）江南园林的文化意境；（b）中山陵的文化意境

古人喜欢根据植物体现出的不同形态与生态特征，将人与其比拟，通过拟人化的植物景观获得具有民族精华的艺术效果。人们在欣赏时，融汇了自己的思想、感情、理想与情操，将植物的形象之美人格化，并赋予一定的品质与内容。如松之坚贞不屈、梅之清致雅韵、竹之刚正不阿、兰之幽谷品逸、菊之傲骨凌霜、荷之出淤泥而不染［图1.1.10（a）］；玉兰、海棠、迎春、牡丹、桂花象征着"玉堂春富贵"，石榴象征多子多福［图1.1.10（b）］。因此，园林植物景观设计的前提是了解和掌握植物的文化内涵，使植物景观能够营造更好的意境。

现代植物造景，除注重意境的表达外还特别重视区域文化的表达。利用不同植物配置出来的景观表达不同地区、不同城市的文化特色。如市花、市树的应用，我国许多城市都有自己的市花、市树，它们本身具有的象征意义也上升为该地区文明的标志和城市文化的象征。又如地带性植物的应用，它代表一定的植被文化和地域风情，比如用笔直的杨树代表北方城市，用棕榈科、热带植物代表南国风光，用仙人掌、龙舌兰、胡杨、沙棘等代表荒漠风景等（图1.1.11）。

(a)   (b)

图 1.1.10   拙政园的荷花与珍珠塔景园的玉兰和桂花

(a) 拙政园的荷花；(b) 珍珠塔景园的玉兰和桂花

(a)   (b)

图 1.1.11   南宁棕榈园风光与凤凰城沙漠园

(a) 南宁棕榈园风光；(b) 凤凰城沙漠园

此外，古树名木的保护与应用也应得到重视。在城乡中，凡是树龄在百年以上的树木即可称为古树；而因具有历史、文化、科学意义或其他社会影响而闻名的树木则称为名木。古树名木是历史的见证，是活的文物，不仅为文化艺术增添光彩，还是研究古自然史及树木生理的重要资料，其对于树种规划也具有很大的参考价值。

5. 经济性原则

园林景观的建设成本较高，尤其是在植物配置方面，消耗的资金往往数量巨大。为达到成本控制的目标，在实际的植物规划中必须考虑经济性，不能过于追求植物选择和配置的稀有性、名贵性，而是要在既定的成本范围内优选合适的植物种类尤其是乡土树种（图 1.1.12），使其能够促进地方生态建设，形成个性化的审美特点，同时还能节约经济成本。

(a)   (b)

图 1.1.12   赣州某小区植物配置采用的乡土树种与苏州真山公园乡土地被

(a) 赣州某小区植物配置采用的乡土树种；(b) 苏州真山公园乡土地被

四、我国园林植物景观设计的现状与发展趋势

园林植物景观设计发展到现在，经历了一段从被忽视到被重视的过程。早期的景观设计强调硬质景观的营建，习惯于以花草树木点缀环境，忽视植物的多种功能，片面地认为植物的存在只是为了衬托硬景，有些建设人员甚至简单地将园林植物景观设计理解为栽花种草。一些景观设计师偏爱以植物材料构成图案效果，并热衷于将植物人工修剪形成整齐划一的色带、球体或几何形体；或者用大量的栽培植物形成多层次的植物群落，但人工气息十分浓厚；或者片面强调生态效应，将大量的成年大树移栽到城市和园林中；或者所用苗木种类非常有限，无法形成生态多样性、物种多样性、景观多样性。

随着全球自然生态系统的严重退化和人类生存环境的日益恶化，现代园林植物景观设计不再强调大量植物品种的堆积，也不再局限于对植物个体美的展示，而是追求植物形成的空间尺度，以及反映当地自然条件和地域景观特征的植物群落，尤其着重展示植物群落的自然分布特点和整体景观效果。

当代人们的生活水平和审美水平逐渐提高，园林建设中也更加体现生态文明意识，未来园林植物景观设计的趋势主要体现为以下五个方面。

（1）注重生态效益。随着人居环境的改善和生态文明意识的提高，植物的功能性日益受到关注，尤其是植物的生态效益。如何更好地遵循植物的生态习性，充分发挥植物群的生态功能，营造自然、稳定的植物群落，是植物景观设计不断追求的目标。

（2）设计理念的提升。理念是设计的灵魂，一个优秀的景观必然离不开好的设计理念。植物有着丰富的文化内涵，设计中如何利用植物本身的文化或将植物的文化与其他造景元素融合提炼设计主题，是目前景观设计需要深入挖掘的方向。

（3）乡土植物的开发利用。在城市景观建设和乡村振兴建设中，人们越来越重视地域特色的体现，而乡土植物的开发利用无疑成了体现地域特色的一大方式。在乡土植物的应用中，设计师需要充分认识地域性自然景观中植物景观的形成过程和演变规律，并顺应这一规律进行园林植物景观设计。既要重视植物景观的视觉效果，又要选择适应当地自然条件、具有自我更新能力、体现当地自然景观风貌的植物类型。

（4）多学科、多领域扩展。生活中到处都是植物，植物景观设计涉及的基础理论较多，如营造生态群落，需要学习植物地理学、植物生态学、景观生态学；又如采摘园、农业园中的植物种植，需要学习果蔬学、蔬菜学、园艺学、土壤学，涉及多领域的知识。园林是一门综合性学科，涉及植物、设计、规划、土建、文化、历史、艺术、美学等方面的知识，园林景观设计已广泛渗透到国土规划、国家公园、美丽乡村、特色小镇、棕地利用、遗产保护、海绵城市、文化旅游等各个领域，相应景观设计的完成必须综合运用多学科、多领域的知识和技术。

（5）发展数字化景观。现如今，以互联网、大数据、人工智能为代表的新一代信息技术蓬勃发展，"十四五"规划提出，要"加快数字化发展，建设数字中国""以数字化转型整体驱动生产方式、生活方式和治理方式变革"。新一代信息技术的迅猛发展，为现代园林植物景观设计提供了新的创作思维和表现手段，使构成景观的设计要素更加生动，景观与人的互动交流方式更具体验感，而且数字化的运用使景观信息的采集、存储、分析，设计成果的输出更加有效和精确，极大地提高了设计工作的效率。

任务实施

1. 任务调研与分析

（1）调研方法。采用实地调研、文献查阅与抽样调查的方法对杭州西湖景观进行整体调查，做好拍照、记录，如果有条件，最好能每个季节多次调查。

（2）分析内容。

1）分析植物景观设计功能。

2）分析植物景观设计应用的设计原则及其体现。

2. 任务实施步骤

（1）文献查阅。查找相关书籍、文献、网页，提取相关资料。苏雪痕教授的《植物造景》《植物景观规划设计》和朱钧珍教授的《杭州园林植物配置》对杭州植物景观都有系统而详细的介绍，有关杭州西湖植物景观方面的文献、网页很多，可以从中提炼相关资料。

（2）整体实地调查。对杭州西湖进行整体走访，记录景区中主要植物种类、植物景观特点，记录不同区域（山地、陆地、水体等）植物配置形式、景观效果。

（3）抽样调查。重点选取西湖十景、太子湾公园为调研对象，调查其植物景观功能、设计原则的应用。

（4）资料分析。对以上资料、实地调研材料进行整体分析总结。

3. 任务结果

"水光潋滟晴方好，山色空蒙雨亦奇。欲把西湖比西子，淡妆浓抹总相宜。"宋代诗人苏轼描绘了西湖的湖光山色、绮丽风景。"天下西湖三十六，就中最美是杭州"，西湖傍杭州而盛，杭州因西湖而名。在第35届世界遗产大会上，"杭州西湖文化景观"成功列入《世界遗产名录》。"杭州西湖文化景观"由西湖自然山水、"三面云山一面城"的城湖空间特征、"两堤三岛"的景观格局、"西湖十景"、西湖文化史迹和西湖特色植物景观六大要素组成。西湖之美，美在如诗如画的湖光山色，美在湖山与人文的浑然天成，更美在人们对她的呵护及对其历史文脉的传承，其是中国历史文化精英秉承"天人合一""寄情山水"的中国山水美学理论下景观设计的杰出典范。

（1）植物景观功能的体现。西湖之胜，离不开秀丽的植物景观。其主要特点在于因地制宜、因时制宜、因材制宜的四时景观，在于湖光山色与人文结合得浑然天成，在于顺应自然规律、师法自然的配置模式，在于疏密有致、引人入胜、丰富多变的植物景观空间。

1）景观之美。西湖的植物之美，美在风光旖旎的景观视觉（图1.1.13）。著名的西湖十景，春有苏堤春晓，夏赏曲院风荷、云栖竹径，秋观平湖秋月、满陇桂雨，冬看断桥残雪，四季景观特点鲜明，各擅其胜。众所周知，西湖的植物景观美绝不仅体现在一两处景点，而是经过每一处的匠心配置，才有让人流连忘返的西湖天下景。以太子湾公园为例，春天以赏郁金香、日本晚樱为亮点，众多游客慕名到此赏花踏青，木兰科、蔷薇科等开花植物争奇斗艳；夏季绿树浓荫，草青水绿，虫鸣鸟叫；秋季以色彩斑斓的秋色叶树种为主要观赏对象，尤其是园路两侧的鸡爪槭，红艳的叶色及优美的姿态足够让人驻足欣赏、陶醉其间；冬季的落叶、枯萎的草坪又让人感受"一岁一枯荣"的自然更替。

图 1.1.13　西湖四季迷人的植物景观

2）人文之美。西湖的植物之美，美在浑然天成的文化深入。"杭州西湖文化景观"作为中国历史上具有杰出精神栖居功能的"文化名湖"，植物文化在其中占有一席之地。众多著名的西湖景点都以植物作为主景，如柳浪闻莺、曲院风荷、九里云松、云栖竹径等，分别对应植物垂柳、荷花、松、竹四种传统文化，这些植物在呈现植物特色景观的同时，更深层次地传达植物的文化蕴含、营造意境。纵观西湖景，植物呈现的画境触目皆是。例如，花港观鱼中的牡丹园，构图借鉴中国画的立意和意境，结合土石山地形，种植国花牡丹为主景植物，配以芍药、杜鹃、贴梗海棠、迎春、梅花、紫薇等花木和造型植物（枸骨球、火棘球、黄杨球、蜀桧球、刺柏球、羽毛枫、五针松、赤松、龙柏等），加以叠石陪衬，曲折园路隐于其间，远看仿佛一座大型盆景园坐落于此。游人徜徉其间，欣赏雍容华贵的牡丹，感受国花的魅力，仿若置身于立体国画之中（图 1.1.14）。

图 1.1.14　花港观鱼中的牡丹园

3）生态之美。西湖的植物之美，美在师法自然的生态建设。师法自然一直是风景园林植物景观规划设计和营造的关键理念。生态是西湖的灵魂，顺应自然规律而营造景观是杭州西湖成功的关键。

西湖植物景观生态建设遵循各种园林植物生态习性和对周边生态环境条件的要求，因地制宜，合理布局。例如，花港观鱼的牡丹亭景点，牡丹对生态环境（生境）要求高，深根性肉质根怕积水，适宜疏松肥沃、排水良好的土壤，性喜阳但是不耐夏季烈日暴晒。根据牡丹的这些生态特性，将牡丹种植在坡地上，避免土壤的积水。在栽植牡丹的区域，大乔木应用很少，选择树形疏朗的黑松作为主要的第二层乔木树种，尽可能减少对牡丹采光的影响，还为牡丹亭的冬季观赏效果提供保障。牡丹亭的中层植物选择红枫、鸡爪槭、梅花、樱花、紫薇等枝叶较为松散的落叶植物，它们可以在冬季与早春为牡丹提供充足的光照，在夏季为牡丹遮挡灼人的阳光（图 1.1.15）。

图 1.1.15　花港观鱼中的牡丹园的园林植物景观

西湖植物景观生态建设力求营造近乎自然的植物群落。植物景观配置的目标之一是要构建稳定的植物群落，以达到可持续发展的目的，而自然群落的配置模式与发展演替是植物配置应效仿的。西湖园林植物景观之所以引人入胜，主要是顺应了自然规律，并巧妙借用西湖及周边的真山真水，达到"虽由人作，宛自天开"的境界。例如，西湖孤山北坡结合已有山林植被多种植马尾松、青冈等常绿乔木，色彩雅致统一；南坡结合"平湖秋月"景观，栽植秋色叶树种，色彩丰富多样；山坡地势较陡、坡度较大，适宜多种植中下层植物，构成乔－灌－草的多层复合结构。西泠印社山坡植物景观上层由香樟、广玉兰等具有一定耐寒和抗风能力的高大乔木组成，适宜在山林环境中生长；中下层种植鸡爪槭、山茶、沿阶草等适宜栽于林下的植物，丰富群落层次。整体植被群落宛若天然，又不乏景观观赏价值。

4）空间之美。西湖的植物之美，美在疏密有致的空间营造。西湖的植物景观结合自然山水环境，营造了清新绚美的艺术效果，有深远的景观视线，有疏朗的大草坪，有幽静的密林景观，有悠闲的林下步道，有错落的植物层次，真正做到了移步换景，将园林植物的空间之美展现得极致。以花港观鱼为例，公园综合了风景林、树群、树丛、孤植树、草地等种植形式，汇聚了陆地、湿地、水生等多种植物群落（图 1.1.16），将全园分成大草坪、红鱼池、牡丹园、丛林、花港和疏林草地 6 个景区，植物空间开合自如，营造了多个形态各异、风格不同的空间，再现花之繁茂、港之幽深、鱼之悠闲，该植物景观的设计在艺术手法上充分体现了设计师孙筱祥先生的"三境"论。

图 1.1.16　花港观鱼不同的植物景观空间

（2）植物景观设计原则体现。西湖景区位于杭州市区西部，总面积为 49 km²。西湖南、西、北三面环山，湖中白堤、苏堤、杨公堤、赵公堤将湖面分割成若干区域。西湖及周边分布着 100 多处公园景点及 20 多座博物馆，其中最具有盛名的当属"西湖十景"。

西湖景区面积宽广，每个景点的植物配置都十分巧妙。整个西湖景区以常绿阔叶树为基调，四季苍翠。一般在一个局部或一个景点突出一两种园林植物作为季相特色，并考虑到四季的景观。整个西湖季相分明，春有桃、夏有薇、秋有桂、冬有梅。下面选取其中代表性的几处景点分析其园林植物景观设计所运用的原则。

1）"曲院风荷"的生态种植。此景为曲院风荷滨湖区的一处园林植物景观。在进行园林植物景观设计时，充分考虑到植物的生境要求与多样性原则，采用乔、灌、草复合混交的方式进行搭配。在沿湖潮湿地区种植耐水湿的水杉、垂柳、江南桤木等植物，在堆土区种植桂花、香樟、红枫、竹柏等植物，在沿河区域种植鸢尾、水栀子等地被。搭配后的整体景观效果充分体现了艺术性的原则：通过常绿树种与落叶树种的搭配，秋季呈现出的是各种色彩丰富的景象；通过乔、灌木不同位置的种植呈现出的是不同高度与层次的对比；通过不同树形的植物搭配呈现出的是水杉的竖向线条和其他阔叶树种不同植物线条的对比（图 1.1.17）。总体的植物选择以杭州本地常见的乡土树种为主，没有大量采用名贵树种，充分体现了植物配置的经济性原则。

图 1.1.17 曲院风荷生态配置

2）种植配置中文化性原则的体现。西湖景区是我国著名的旅游景区，许多景点都运用了植物进行点题，体现出各自景点的文化特色。如苏堤、白堤沿湖区域主要以垂柳与碧桃进行配置，体现出"六桥烟柳""苏堤春晓"之特色［图1.1.18（a）］，西泠印社则以松、竹、梅为主题来比拟文人雅士清高、孤洁的性格［图1.1.18（b）］。

(a)   (b)

图 1.1.18 西湖白堤与西泠印社的园林植物景观设计
(a) 西湖白堤的园林植物景观设计；(b) 西泠印社的园林植物景观设计

拓展训练

一、知识测试

（一）填空题

1. 园林的构成要素主要为_____、_____、_____和_____。
2. 植物造景运用乔木、灌木、藤本及草本植物等题材，通过_____手法，充分发挥植物的_____、_____、_____等自然美（也包括把植物整形修剪成一定形体）来创作植物景观。

3. 园林植物景观功能包括_____、_____、_____、_____。

（二）单选题

1. 周敦颐"出淤泥而不染，濯清涟而不妖"描写的植物是（　　）。
   A. 睡莲　　　　　　B. 荷花　　　　　　C. 梅　　　　　　D. 兰
2. 园林植物的防护作用主要体现在（　　）。
   A. 生态和经济效益　　　　　　B. 改善气候
   C. 保持水土、防风固沙　　　　D. 观赏
3. 园林植物的生产功能是指大多数的园林植物均具有生产物质财富，创造（　　）的作用。
   A. 经济价值　　　　　　　　　B. 观赏价值
   C. 环境保护　　　　　　　　　D. 建筑空间

（三）多选题

1. 中国十大传统名花包括（　　）。
   A. 迎春　　　　　　B. 梅　　　　　　C. 月季　　　　　　D. 水仙
   E. 海棠
2. 在园林植物配置与造景时，应尽量提倡（　　）。
   A. 应用乡土树种　　　　　　　B. 跨地域栽植
   C. 控制南树北移、北树南移　　D. 经栽培试验可行后再用
3. 植物景观的建造功能包括（　　）。
   A. 构成空间　　　　　　　　　B. 完善空间
   C. 引导视线　　　　　　　　　D. 统一画面
4. 植物景观的生态作用包括（　　）。
   A. 降低噪声　　　　　　　　　B. 改善小气候
   C. 净化空气与水质　　　　　　D. 保持水土，防灾减灾

二、技能训练

1. 以你身边的某一处园林绿地作为调查对象，按照任务实施内容分析其植物景观在城市景观建设中的功能，并应用植物景观设计原则，得出任务结果。成果以幻灯片、文档或PDF格式的形式体现。

2. 试选取西湖景区的一景点，分析其中运用到的种植设计原则有哪些。

作品赏析

花港观鱼是著名的杭州西湖十景之一，由我国当代著名的造园学家孙筱祥先生设计，以"花""港""鱼"为观赏特色，设计独特，施工精良，充分继承和发展了我国古典园林的理法精髓，是"古为今用"的典型。花港观鱼公园有

良好的主题和主景，总体布局合理，植物景观类型多样而统一，综合了风景林、树群、树丛、孤植树、草地等种植形式，汇聚了陆地、湿地、水生等多种植物群落，把全园分成大草坪、红鱼池、牡丹园、丛林、花港和疏林草地6个景区，规划布局采用自然式手法，功能分区清晰，植物品种以常绿乔木为主，配置侧重于林相、文化内涵及因地制宜，景色层次分明，季相变化丰富多彩，传统园林的对景与借景、分景与框景等手法运用恰当合理。

任务2　园林植物的观赏特征及应用

工作任务

分析苏州拙政园中植物观赏特征在景观中的应用。

知识准备

园林植物的观赏特征主要包括植物的形态、色彩、质感和芳香。园林植物景观的营造要通过一定的艺术手法充分展示植物个体或群体的观赏特征，给观赏者一种"景"的感受。园林植物景观是随季节和时间变化的，设计者要懂得如何合理运用植物本身的色彩、季相的变化、形态的不同、质感和芳香创造出符合功能的景观。

一、园林植物的形态与应用

植物形态是指植物的外部轮廓，是构景的基本因素之一。在自然生长状态下，植物形态常见的类型有圆柱形、圆锥形、卵圆形、圆球形、伞形、垂枝形、曲枝形、拱垂形、匍匐形和棕榈形（表1.2.1）。

【拓展知识】园林植物的形态与造景

表1.2.1　园林植物形态

形态	圆柱形	圆锥形	卵圆形	圆球形	伞形
树形图					
代表树种	新疆杨、钻天杨、中山柏、黑杨、杜松	雪松、南洋杉、柳杉、水杉、落羽杉、池杉、桧柏、铅笔柏、云杉、冷杉、连香树	七叶树、悬铃木、加杨、香椿、毛白杨	馒头柳、千头椿、臭椿、元宝枫、球柏	合欢、鸡爪槭、龙爪槐、凤凰木

续表

形态	垂枝形	曲枝形	拱垂形	匍匐形	棕榈形
树形图					
代表树种	垂柳、旱柳、垂枝榆、垂枝樱、垂枝杏、垂枝梅、垂枝桃、垂枝黄栌、垂枝桑	龙爪柳、龙游梅、龙枣、龙桑、曲枝垂枝	迎春、连翘、锦带花、云南黄馨、枸杞	匍地龙柏、铺地柏、平枝栒子、偃柏	棕榈、蒲葵、加拿利海枣、椰子

在植物景观设计中，往往利用形态优美的植物作为点景树，或利用多样的形态植物形成群落，营造曲折的林缘线和起伏的林冠线。利用植物的形态既可以烘托建筑造型，也可以形成对比，既可以加强地形，也可以减缓高差，在植物景观设计中需要充分利用植物的形态给观赏者营造丰富的感受（图1.2.1）。

图1.2.1 景观中的树形美

二、园林植物的色彩与应用

色彩是视觉审美的重要对象，是对景观欣赏最直接、最敏感的接触。园林植物的色彩美主要通过枝干、叶、花、果实等来呈现，给人以现实客观的直接美感，构成了园林美的主角。

【拓展知识】园林植物的色彩与造景

1. 园林植物的色彩

（1）按枝干的色彩可分为以下四类。

1）枝干绿色的有迎春、棣棠、梧桐、青榨槭、绿萼梅、野扇花、国槐、木香、竹类植物等。

2）枝干黄色的有黄金槐、美人松、金镶玉竹等。
3）枝干白色的有白桦、垂枝桦、粉单竹、毛白杨、银杏、胡桃、柠檬桉等。
4）枝干红色或紫红色的有红桦、红瑞木、山桃、赤松、云实等。
还有斑驳类的枝干，如斑竹、白皮松、榔榆等（图1.2.2）。

| 迎春（绿色） | 棣棠（绿色） | 黄金槐（黄色） | 金镶玉竹（黄色） | 白桦（白色） |

| 毛白杨（白色） | 红瑞木（红色） | 山桃（红色） | 斑竹（斑驳） | 白皮松（斑驳） |

图1.2.2　园林植物丰富的枝干色彩

（2）按叶的色彩可分为以下四类。

1）春色叶：指春季新长出的嫩叶呈现不同叶色的树种。如石楠、臭椿的春叶为紫红色，山麻杆的春叶为胭脂红色，垂柳、朴树的新叶为黄色。

2）常色叶：指叶片在整个生长期内或常年呈现异色。如红枫、紫叶李、红花檵木、紫叶桃、紫叶小檗、红桑、金叶女贞、金叶假连翘、银叶菊等。

3）斑色叶：指绿色叶片上具有其他颜色的斑点或条纹，或叶缘呈现异色镶边的植物。如洒金桃叶珊瑚、金心大叶黄杨、银边大叶黄杨、金边瑞香、银边海桐、菲白竹、金叶玉簪、金边女贞、金边六月雪、花叶锦带花、金边胡颓子等。

4）秋色叶：指秋季树叶变色比较均匀一致，持续时间长，观赏价值高的树种。秋色叶树种的秋叶呈红色，并有紫红、暗红、鲜红、橙红、红褐色等变化和各种过渡性颜色，部分种类秋叶呈黄色。常见的有枫香、鸡爪槭、三角枫、黄连木、黄栌、乌桕、榭树、盐肤木、火炬树、连香树、卫矛、榉树、花楸树、爬山虎、五叶地锦等；秋叶黄色的有银杏、金钱松、鹅掌楸、白蜡、无患子、黄檗等；秋叶古铜色或红褐色的有水杉、落羽杉、水松等（图1.2.3）。

（3）按花的色彩可分为以下四类。

1）红色或紫红色：如贴梗海棠、月季、碧桃、樱花、榆叶梅、玫瑰、石榴、合欢、紫荆、凤凰木、山茶、扶桑、夹竹桃、木棉、红千层等。

2）白色：如木绣球、白丁香、溲疏、山梅花、白玉兰、女贞、珍珠梅、白梨、白鹃梅、笑靥花、刺槐、毛白杜鹃、栀子、茉莉等。

3）黄色：如蜡梅、金缕梅、迎春、连翘、黄蔷薇、棣棠、金丝桃、栾树、金钟花、金花茶、黄蝉、黄杜鹃、黄兰、云南黄馨等。

4）蓝色或蓝紫色：如紫丁香、紫藤、泡桐、蓝花楹、绣球、鼠尾草、穗花牡荆、假连翘等。

图 1.2.3　南京中山陵景区炫丽的秋色叶景观

（4）按果实的色彩可分为以下五类。

1）红色：如桃叶珊瑚、小檗、山楂、南天竹、柿子、石榴、樱桃、火棘、金银木、荚蒾、珊瑚树、接骨木、紫金牛等。

2）黄色：如柚子、佛手、木瓜、梅、杏、沙棘、芒果、金橘、南蛇藤等。

3）白色：如红瑞木、花楸、雪果、芫花、乌桕等。

4）蓝紫色：如紫珠、葡萄、十大功劳、蓝果忍冬、白檀等。

5）黑色：如女贞、小叶女贞、油橄榄、刺楸、圆叶鼠李、常春藤等（图 1.2.4）。

图 1.2.4　花、果色彩在园林中的应用

2. 园林植物景观的色彩设计与应用

色彩的设计在园林植物景观运用中发挥着重要的作用。园林植物色彩的作用是多方面的，它可以使人镇静或激动，使人感到温暖或凉爽，进而影响到人的情绪变化及对环境的反应。例

如在我国，红色、黄色常是热烈、喜庆的象征，而蓝色、灰色、白色等给人以素雅、柔和、清静之感。在园林植物景观设计中，色彩还是现在联系过去与将来的桥梁，使园林四季有景，时有变化。根据特定需要，色彩的正确应用也可以使园林景观体量与空间尺度产生增大或减小的视觉效果，突出景物美感，增强景观层次变化。

三、园林植物的质感与应用

1. 园林植物的质感

园林植物的质感是其外形轮廓、体量、形状、质地、结构等特征的综合体现。整株植物的质感受到植物叶片的大小、形状和排列，叶表光滑度，枝条的长短和疏密，干皮的纹理等因素影响，分为粗质型、中质型和细质型。

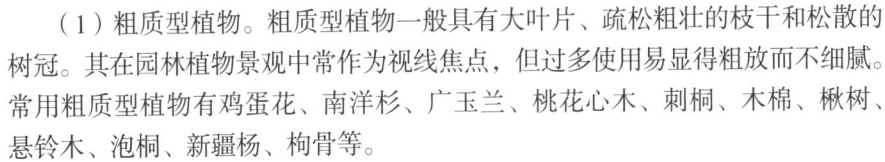

（1）粗质型植物。粗质型植物一般具有大叶片、疏松粗壮的枝干和松散的树冠。其在园林植物景观中常作为视线焦点，但过多使用易显得粗放而不细腻。常用粗质型植物有鸡蛋花、南洋杉、广玉兰、桃花心木、刺桐、木棉、楸树、悬铃木、泡桐、新疆杨、枸骨等。

（2）中质型植物。中质型植物一般具有中等大小的叶片、枝干，比粗质型植物柔软及小密度的植物，多数属此类型。其在园林植物景观中常以群组种植的方式作为粗质型植物与细质型植物的过渡，配置中数量比例大。常用中质型植物有小叶榕、红花檵木、桂花、香樟、槐树、榉树、桂花、石楠、丁香等。

（3）细质型植物。细质型植物具有许多小叶片和微小脆弱的小枝，并具有整齐密集而紧凑的树冠。其由于叶小而浓密，有扩大视线距离的作用，适于紧凑狭窄的空间。常用细质型植物有文竹、天门冬、南天竹、小叶榄仁、海桐、红枫、鸡爪槭、羽毛枫、垂柳、大多数针叶树种、竹类、观赏草等。

2. 园林植物质感的应用

植物的质感不同给人不同的心理和触觉感受，在园林植物景观设计中，往往会根据景观功能或其他景观元素进行植物质感的应用。如在儿童活动区域，通过植物质感的应用可以让儿童体验、感受自然的奇妙；在盲人园中通过植物质感的触摸让盲人感知自然；在水系边往往配置垂柳、鸡爪槭、香蒲、水葱、芦苇等植物，与水的质感相呼应，景观材质上形成和谐；在山石、台阶处配置长条形或细叶型观赏草柔化其硬质线条，形成质感上的对比（图1.2.5）。

图1.2.5 细质型植物在园林中的应用

四、园林植物的芳香与应用

1. 芳香植物的概念及分类

芳香植物是某些器官具有特殊香气和可供提取芳香油的栽培植物和野生植物的总称。其主要分为花香植物和分泌芳香物质的植物两类。

（1）花香植物。花香植物可以刺激人的嗅觉，从而给人带来一种无形的美感，如茉莉、含笑、桂花、栀子、白玉兰、紫玉兰、紫丁香、蜡梅、鸡蛋花、九里香、百合、水仙、荷花、合欢、木荷、泡桐等。

（2）分泌芳香物质的植物。有些植物能分泌芳香物质，如柠檬油、肉桂油等；有些植物具有杀菌驱蚊的功效，如檀香、山胡椒、花椒、柠檬桉、艾草、薄荷、薰衣草、鼠尾草、迷迭香、罗勒，以及松柏、黄檗、肉桂、七里香、百里香、柠檬草、荆芥、香叶天竺葵、荆条等。

2. 芳香植物的应用

中国人对芳香植物的利用，早在《诗经》《楚辞》《尔雅》和先秦诸子著作中就已有所记载。园林对芳香植物的应用，除体现观赏性外，更深层次的是利用其芳香愉悦身心，进而达到一定的意境，如苏州网师园的小山丛桂轩、留园的闻木樨香轩、沧浪亭的清香馆、怡园的金粟亭、拙政园的远香堂和秋香馆、虎丘的冷香阁等都是以植物之香为主题的园林景点，人们在这里闻香赏花，寄情表意。此外，芳香植物的保健功能也逐渐受到人们的关注，尤其是在我国提出"健康中国战略"和"健康中国行动"的背景下，各种疗愈景观、康养景观层出不穷，其中最重要的一点就是借助芳香植物的特殊功能达到保健、疗愈等功效。因此，熟悉和了解园林植物的芳香特征，配植成月月芬芳满园、处处馥郁香甜的香花园，是植物景观营造的一个重要手段。

需要注意的是，芳香类植物并不是应用越多越好，有些芳香植物可以令人愉悦、沁人心脾，但是也有一部分芳香植物是对人体有害的，例如，夹竹桃的茎、叶、花都有毒，闻气味过久会使人昏昏欲睡、智力下降；夜来香在夜间停止光合作用后会排出大量闻起来很香的废气，对人体健康不利；松柏类植物散发的芳香气味对人的肠胃有刺激作用，闻得过久会影响食欲，而且会使孕妇烦躁恶心、头晕目眩。

任务实施

1. 任务调研与分析

（1）调研方法。采用实地调研、文献查阅与抽样调查的方式对苏州拙政园植物景观进行调查，记录主要植物种类、植物观赏特征，做好拍照、记录，在条件允许的情况下不同季节多次调查。

（2）分析内容。分析拙政园中园林植物观赏特征在景观设计中的应用。

2. 任务结果

（1）拙政园简介。拙政园位于中国江苏省苏州市，是中国四大名园之一，也是世界文化遗产的重要组成部分。拙政园，名称源自古人对处理政务的追求，寓意为"尽心尽力政务，方为拙者"。拙政园始建于明正德初年，是江南古典园林的代表作品，占地78亩（1亩＝

666.67 m²）。全园以水为中心，山水萦绕、厅榭精美、花木繁茂，充满诗情画意，具有浓郁的江南水乡特色。全园分为东、中、西三部分，东部开阔疏朗，中部是全园精华所在，西部建筑精美，各具特色。

（2）拙政园中植物观赏特征的应用。园林景观，花木为胜。花草树木是构成景观的重要元素，拙政园以"林木绝胜"著称。园中的花木栽植，大都根据其姿态、线条、构图、色、香结合地形与周围环境进行有机的配植，除了体现植物外在的观赏特征，更注重营造一定的画境，或取其意表达一定的情境。

1）形态造景。拙政园利用植物的不同形态，形成一幅幅优美而耐人寻味的景观（图1.2.6）。如荷风四面亭，该亭处于开阔的水池之中，夏日四面荷花，亭亭净植，岸边柳枝婆娑。而亭前的抱柱楹联"四壁荷花三面柳，半潭秋水一房山"更是道出此亭不仅是宜赏夏荷的夏亭，而是四季皆宜。春柳明，夏荷艳，秋水长，冬山峻，一年四季植物姿态变换，景色妙不可言。再如听雨轩，轩名取意南唐诗人李中的"听雨入秋竹"与宋朝杨万里的"蕉叶半黄荷叶碧，两家秋雨一家声。"轩前轩后都植有芭蕉，前后相映，春夏之际蕉叶舒卷，投影于粉墙之上，自有画意。坐于轩内看窗外植物，雨天听雨打芭蕉，视、听、感俱全，清雅闲适。

图1.2.6 园中姿态万千的植物景观

2）色彩造景。园中种植各种花草树木，形成四季色彩丰富的植物景观（图1.2.7）。如春季的海棠春坞、玉兰堂，用两株垂丝海棠和白玉兰将园中院落装点得更加雅致；绣绮亭的山下种植牡丹和芍药，春日花开之时，雍容绚烂，成为绝佳赏春景之处。夏季园中中部水域大面积的荷花，让炎炎夏日多一份惬意与浪漫；枇杷园中金黄色的枇杷，鲜艳醒目，给人带来喜悦之情。秋季的待霜亭，亭周围种植橘树和乌桕、榉树、枫杨、朴树等秋色叶树种，秋季叶红果熟之时，加上色彩在水中的倒影，颇有意境。冬季的雪香云蔚亭，亭四周配有松、竹、梅，白梅盛开，将景观衬托得更加幽静空明、深邃安适。

3）质感造景。园中植物景观的质感主要体现在植物与水体、建筑、山石的搭配。例如园中白墙，或攀爬虬曲的紫藤、凌霄、爬山虎，或种植芭蕉、翠竹、南天竹、红枫等姿态优美的植物点缀墙前，加之光影的效果，使景观更具欣赏的层次。园中水系岸边栽植枫杨、垂柳、乌桕、鸡爪槭、红枫等植物，硬朗的树干与水的质感形成对比，而轻盈的树叶无形中又与水的质感形成一种协调。低垂的云南黄馨，俯盼水面的荻花，无不与轻柔的水面相得益彰（图1.2.8）。

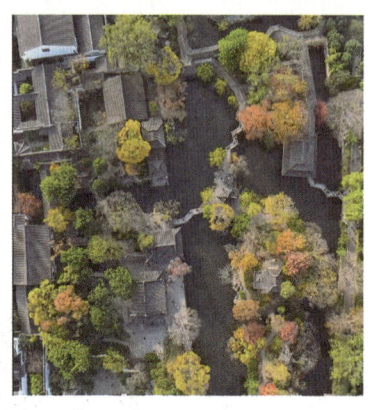

图 1.2.7　四季色彩变换的植物景观

4）芳香造景。园中植物景观除视觉和听觉效果外，也依靠大量的芳香植物在嗅觉上营造特殊的"香境"，如白玉兰、蜡梅、桂花、梅花、荷花、松柏、含笑皆是芳香型花木，注重景观的多重感官体验。最有代表性的景点属中部主体建筑远香堂，堂北设宽敞的临水平台，池水清澈广阔，遍植荷花，夏日荷风扑面，清香远送，沁人心脾，故取意北宋周敦颐《爱莲说》中的"香远益清"以为堂名，西侧的画舫也号称"香洲"。另一代表性的景点当属与远香堂互为对景的雪香云蔚亭，位于中部花园大荷花池西边山岛之巅，亭四周土山之上，林木葱郁，松竹辉映，亭旁遍植梅树，每到冬季，绿萼花白，素雅宜人，冷香四溢，令人陶醉其间。此外还有待霜亭的橘香，秫香馆的稻香，荷风四面亭、芙蓉榭、梧竹幽居的清香，十八曼陀罗花馆的茶香，绣绮亭下的天香，无一不是借助植物的芳香表达景观更深的韵味（图 1.2.9）。

项目 1　初识园林植物景观设计

图 1.2.8　植物与白墙、水体质感的对比与协调

(a)　　　　　　　　　　　　　　　　(b)

(c)　　　　　　　　　　　　　　　　(d)

图 1.2.9　园中芳香植物造景代表
(a) 远香堂；(b) 雪香云蔚亭；(c) 秫香馆；(d) 芙蓉榭

· 025 ·

拓展训练

一、知识测试

（一）填空题

1. 请列举五种适合做城市道路行道树的植物：_____、_____、_____、_____、
_____。
2. 请列举四种藤本植物：_____、_____、_____、_____。
3. 请列举五种针叶树种：_____、_____、_____、_____、_____。

（二）单选题

1. 以下植物中，开红花的是（　　）。
  A. 海棠　　　　　　B. 金丝桃　　　　　　C. 小叶女贞　　　　　D. 八仙花
2. 以下植物中，观红果的是（　　）。
  A. 女贞　　　　　　B. 香泡　　　　　　　C. 火棘　　　　　　　D. 银杏
3. （　　）的观赏主要为观根。
  A. 小叶榕　　　　　B. 红瑞木　　　　　　C. 香樟　　　　　　　D. 紫荆
4. 以下植物属于常绿树种的是（　　）。
  A. 金钱松　　　　　B. 雪松　　　　　　　C. 朴树　　　　　　　D. 水杉
5. 以下植物为南方常见的观红叶树种的是（　　）。
  A. 银杏　　　　　　B. 鹅掌楸　　　　　　C. 乌桕　　　　　　　D. 梅花
6. 以下植物夏季开花的是（　　）。
  A. 白玉兰　　　　　B. 樱花　　　　　　　C. 合欢　　　　　　　D. 桂花
7. 以下植物为拱垂姿态的是（　　）。
  A. 蜡梅　　　　　　B. 龙爪槐　　　　　　C. 桂花　　　　　　　D. 杨梅
8. "暗淡轻黄体性柔，情疏迹远只香留。何须浅碧深红色，自是花中第一流。梅定妒，菊应羞，画栏开处冠中秋。骚人可煞无情思，何事当年不见收。"是李清照对（　　）高雅的赞扬。
  A. 菊花　　　　　　B. 桂花　　　　　　　C. 牡丹　　　　　　　D. 桃花
9. "未出土时先有节，便凌云去也无心"是形容（　　）的意境美。
  A. 莲　　　　　　　B. 竹　　　　　　　　C. 梅　　　　　　　　D. 兰

（三）多选题

1. 以下植物中根具有观赏效果的是（　　）。
  A. 水杉　　　　　　B. 悬铃木　　　　　　C. 池杉　　　　　　　D. 小叶榕
  E. 紫薇
2. 下列景点的命名与梅有关的有（　　）。
  A. 雪香云蔚亭　　　B. 玲珑馆　　　　　　C. 问梅阁　　　　　　D. 南雪亭
  E. 玉兰堂
3. 下列植物形态为圆锥形的有（　　）。
  A. 香樟　　　　　　B. 水杉　　　　　　　C. 池杉　　　　　　　D. 小叶榕
  E. 鸡爪槭

4. 下列植物具有观赏特征的有（　　　）。
   A. 白皮松　　　　　　B. 南洋杉　　　　　　C. 池杉　　　　　　D. 榔榆
   E. 鸡爪槭
5. 下列植物具有驱蚊功效的有（　　　）。
   A. 香樟　　　　　　　B. 无患子　　　　　　C. 薄荷　　　　　　D. 桂花
   E. 迷迭香

二、技能训练

以身边的某一处园林为调查对象，可以 3～5 人为一个小组，分析其植物种类及其观赏特征在该园林景观中的具体应用，建议多季节调查，形成较为完整的调查报告，并制作PPT进行展示。

作品赏析

数百年来，拙政园沿袭以植物景观取胜的传统，荷花、山茶、杜鹃为拙政园中著名的三大特色花卉，中部景区80%是以植物为主景的景观，形成以绿叶为基调，以花、果为点缀，以枝干为补充，孤植、丛植、群植应景自由变换，春、夏、秋、冬四季分明的景观特色。拙政园虽有林木、花卉近千株，但多而不乱，花木山水建筑紧密结合，且因地制宜，形成了这个"树木参天，有山村香冥之歌"的古典园林。

任务3　园林植物与环境及其生态习性的应用

工作任务

分析杭州植物园"山水园"植物景观设计中园林植物生态习性的应用设计。

知识准备

植物与环境是相互联系的统一体，任何植物都不能离开环境而独立存在。园林植物的生长除受遗传特性影响外，还与各种外界环境因素有关，只有在适宜的环境中，园林植物才能生长良好、花繁叶茂。因此，正确了解和掌握园林植物生长发育与外界生态环境因子的相互关系是园林植物栽培和应用的前提。

一、园林植物与环境

环境一般是指有机体周围的生存空间。植物具体生存其间的小环境，简称为"生境"。环境因素通常有下列五类。

（1）气候因素：包括光照、温度、水分、空气等。
（2）土壤因素：包括土壤的有机物质、无机物质，土壤理化性质和土壤微生物。
（3）地形因素：包括山岳、平原、坡向、坡度等。
（4）生物因素：包括动物、植物、微生物等。
（5）人为因素：包括人对树木资源的利用、发展、保护、破坏等作用。

1. 气候因素

（1）温度。温度是植物的重要生存因素，它决定着植物的自然分布，是不同地区植物组成差异的主要原因之一。根据植物对温度的要求不同，分为耐寒植物、半耐寒植物和不耐寒植物（表1.3.1）。在园林建设中，必须熟悉园林植物对温度的要求和适应性，才能进行合理的种植设计和栽培养护。不适的温度会对植物产生不良的影响，低温和高温会打乱植物的生理进程而造成伤害，严重的会造成植物的死亡。因此，在园林植物景观设计中，应以适地适树为原则，以乡土树种为主。

表 1.3.1　植物对温度的要求和耐寒能力分类

分类	能够忍耐的最低温度	原产地	代表植物
耐寒植物	-10～-5℃，甚至更低	寒带或温带	油松、落叶松、白皮松、龙柏、云杉、榆叶梅、榆树、紫藤、金银花、迎春、丁香、玉簪、萱草、石竹等
半耐寒植物	-5℃，可以露天越冬	温带南缘或亚热带北缘	香樟、广玉兰、石榴、夹竹桃、桂花、南天竹、栀子花、杜鹃花、菊花、芍药、郁金香、三色堇、朱顶红、薄荷、金鱼草等
不耐寒植物	0～5℃或更高的温度	热带及亚热带	棕榈、南洋杉、橡皮树、变叶木、扶桑、茉莉、一品红、文竹、马蹄莲、一叶兰、鹤望兰、仙人掌科植物等

（2）水分。水分是植物的重要组成部分。一般植物体都含有60%～80%，甚至90%以上的水分。根据植物对水的依赖程度可将其分为陆生植物和水生植物两大类（表1.3.2）。

表 1.3.2　陆生植物和水生植物对照表

类别	名称	特征	代表植物	适宜环境
陆生植物	旱生植物	耐旱能力较强，能够忍受较长期的空气或土壤的干旱	合欢、紫藤、夹竹桃、雪松、马齿苋、景天类植物、芦荟、龙舌兰、台湾相思、珊瑚树等	岩石园、沙漠、裸岩、陡坡等水量低、保水力差的地段
陆生植物	中生植物	无法忍受过干或过湿的条件	大多数植物	一般陆地环境
陆生植物	湿生植物	抗旱能力差，不能长时间忍受缺水	阳性湿生植物：芦苇、香蒲、石菖蒲、泽泻、燕子花等，也有池杉、落羽杉、水松等木本植物	阳光充足但土壤水分饱和的环境，如沼泽化草甸、河湖沿岸低地

续表

类别	名称	特征	代表植物	适宜环境
陆生植物	湿生植物	抗旱能力差，不能长时间忍受缺水	阴性湿生植物：蕨类、海芋、秋海棠类植物及多种附生植物	林下、热带雨林或亚热带林中下层
水生植物	挺水植物	根生于泥水中，茎叶挺出水面	荷花、再力花、水葱、芦苇、香蒲、茭、雨久花等	水中、水边
	浮水植物	根生于泥水中，叶面浮于水面或略高于水面	睡莲、王莲、芡实、莼菜、菱角等	水体中
	漂浮植物	根伸展于水中，叶浮于水面，随水漂浮，水浅处可生于泥中	凤眼莲、大藻、浮萍、满江红、荇菜等	水体中
	沉水植物	根生于泥水中，茎叶全部沉于水中	金鱼藻、黑藻、苦草、水盾草、海菜花、眼子菜类植物等	水体中

园林中水体是常见的景观，在园林植物景观设计中应结合水体形式、水的深度、水质情况、水岸地形与其他景观元素，在满足植物对水分需求和适应性的前提下进行合理的布置，让植物各得其所，充分发挥其景观效果和生态作用（图1.3.1）。

(a)

(b)

(c)

(d)

图 1.3.1 水生植物景观

(a) 挺水植物 - 荷花；(b) 挺水植物 - 再力花；(c) 浮水植物 - 睡莲；(d) 浮水植物 - 王莲

(e)　　　　　　　　　　　　　　　　　(f)

(g)　　　　　　　　　　　　　　　　　(h)

图 1.3.1　水生植物景观（续）

(e)漂浮植物-凤眼莲；(f)漂浮植物-大藻；(g)沉水植物-金鱼藻；(h)沉水植物-水盾草

（3）光照。根据园林植物对光照强度的要求，可以分为阳性植物、中性植物（也称为耐阴植物）和阴性植物三类（表1.3.3）。园林植物配置中应充分满足植物对光照的需求以呈现植物最佳的观赏特征。例如，杜鹃适宜在光照强度不大的散射光下生长，在进行配置与造景时，宜植于林缘、孤立树的树冠正投影边缘或上层乔木枝下高较高、枝叶稀疏、密度不大的地方；八仙花喜半阴环境，可配置于稀疏的林荫下及林荫道旁，片植于阴向山坡，当然要有点阳光照射，如果阳光照射不足2 h，会开花不良；山茶花不耐强阳光和旱情，需要光照适中，一般是保持充足的散射光和半遮阴，因此配植于白玉兰树下，则花、叶均茂，而不适宜配植于广玉兰树下。基于植物对光照的需求，一般来说，在有散射光的林荫下适合种植玉簪、紫萼、鸢尾、萱草、虎耳草、麦冬、阔叶麦冬、花叶蔓长春、二月兰等，在郁闭度大的林荫下适合种植八角金盘、洒金珊瑚、常春藤、一叶兰、龟背竹、春羽、吉祥草、冷水花、十大功劳等植物。

表 1.3.3　光照强度与植物

需光类型	光照强度	环境	植物种类
阳性植物	全日照的70%以上	林木的上层	加杨、垂柳、月季、紫薇、木槿、银杏、悬铃木、泡桐、大部分针叶植物等

续表

需光类型	光照强度	环境	植物种类	
中性植物（耐阴植物）	全日照的5%~20%	植物群落中下层或潮湿背阴处	偏阳性	榆属植物、朴属植物、梓属植物、樱花、枫杨等
			稍偏阴	槐、木荷、圆柏、珍珠梅属植物、七叶树、元宝枫、五角枫等
			偏阴性	冷杉属植物、云杉属植物、铁杉属植物、粗榧属植物、红豆杉属植物、椴属植物、荚蒾属植物、八角金盘、常春藤、八仙花、山茶、桃叶珊瑚、枸骨、海桐、杜鹃、忍冬、罗汉松、紫楠、杜英、香榧等
阴性植物	80%以上的遮阴度	潮湿、阴暗的密林	蕨类植物、三七、人参、秋海棠属植物等	

（4）大气。大气成分主要是约78%的氮气和约21%的氧气，并含有二氧化碳及微量的稀有气体，在工矿区、城镇还混有大气污染物、烟尘等。不同树种对大气污染的抗性不同，同时，烟尘的成分因厂矿的不同而有很大的差异，树木受害的反应也有各种变化。不同植物对大气中污染物表现出不同的抗性和敏感性。

【拓展知识】园林植物对不同有毒气体的抗性和敏感性

园林树木对有毒气体的敏感程度或有害气体对树木的危害程度因树种、年龄、发育时期和环境因子不同而异，具有以下几个特点：木本植物比草本植物抗性强；阔叶植物比针叶植物抗性强；常绿植物比落叶植物抗性强；壮龄树比幼龄树抗性强；叶片厚、具有角质层、单位面积内气孔数少的植物比小型叶或羽状复杂且叶面很小的植物抗性强；具有乳汁或特殊汁液的桑科植物、夹竹桃科植物等抗性强。另外，树木生长旺季和花期受害重；晴天和中午温度高、光线强危害重，阴天和早晚危害轻；当空气湿度在75%以上时，不利于气体扩散，叶片气孔张开，吸收有毒气体多，受害严重。

（5）风。风是气候因素之一。轻微的风对园林树木生长极为有利，如帮助植株传播花粉、促进气体交换、增强蒸腾、提高根系的吸水能力、改善光照和光合作用、降低地面高温、减少病原菌等。而大风对树木有伤害作用，春夏的旱风、焚风导致树木枯萎；飓风或台风会削弱树木的高径生长，形成偏冠、偏材，甚至吹折大枝或主干；海边的潮风使树木被盐霜而枯萎或死亡；强风能折断枝条和树干，尤其是风雨交加的台风天气，使土壤含水量增高，极易造成树木倒伏甚至整株被拔起。

各种树木的抗风能力差别很大，一般而言，树冠紧密、材质坚韧、根系深广的树种抗风力强；而树冠庞大、材质柔软或硬脆、根系浅的树种抗风力弱。但是，同一树种的抗风能力又因繁殖方法、立地条件和配置方式的不同而异。用扦插繁殖的树木，其根系比用播种繁殖的浅，故容易倒伏；生长在土壤松软而地下水水位较高处的树木也易倒伏；孤植树比群植、林植树易受风害。

2. 土壤因素

土壤是指陆地表面具有肥力的疏松层，它是园林树木栽培的基础，也是水、肥、气、热的源泉。城市土壤由于承受着人类活动，实则"上实下虚"。地面硬化导致土壤空隙较少，加剧了土壤贫瘠。植物生长于这样的土壤中，根系生长受到阻碍，从而导致植物死亡。城市土壤的酸碱度较高，且易形成盐碱土地，

【拓展知识】植物抗风能力分类表

造成植物发育不良，使整体环境不适于植物生长。因此，在这些条件的制约下，选择适合城市造景的植物非常重要。

（1）耐瘠地植物。耐瘠地植物对土壤养分要求不高，可在环境不好的地方正常生长，所以往往这一类植物既耐贫瘠也耐干旱。代表植物有桧柏、侧柏、女贞、小蜡、白榆、黑松、白皮松、枸骨、构树、桑树、水杉、枫香、臭椿、黄连木、李、枣、木麻黄、合欢、石楠、皂荚、朴树、柘树、刺槐、紫穗槐、木槿、马桑、柽柳、紫藤、棕榈等。在城市园林景观中经常见到上述树种，是因为这一类植物能在贫瘠、土壤环境不好的情况下生长，虽然生长较慢但对养分要求不高。当然，这类植物在肥沃的土壤中长势更佳。

（2）喜酸性植物。在土壤 pH 值为 6.5 以下的呈酸性土壤上生长最好的植物种类称为喜酸性植物，如杜鹃花、山茶、油茶、马尾松、石楠、油桐、吊钟花、三角梅、橡皮树、棕榈等。

（3）耐盐碱植物。耐盐碱植物能生长在含盐碱的土壤中，如白皮松、侧柏、白榆、泡桐、楝、槐树、桑树、合欢、乌桕、白蜡、棕榈、紫薇、油橄榄、银杏、枣、杏、桃、梨、石榴、杜仲、臭椿、香椿、黄连木、榉树、栾树、木麻黄、榆叶梅、紫穗槐、胡颓子、枸杞、旱柳、垂柳、柽柳、水曲柳、卫矛、丝兰等。

城市园林配置园林树木时，除考虑栽植点的气候因素外，还要视其肥力状况选择适当的树种，对喜肥和喜深厚土壤的树木，应栽植在深厚、肥沃和疏松的土壤上；耐瘠薄的树木则可在土质稍差的地点栽植。当然，将耐瘠地的树木种植在肥沃的土壤上会生长得更好。

3. 地形因素

地形因素包括海拔高度、坡度、坡向、坡位、山脉河流走向、地形起伏等。地形的变化直接影响气候、土壤、生物等因素的变化，从而间接地影响植物生长。坡向影响日照的时间和强度，北坡日照时间短、温度低、湿度较大，一般多生长耐阴湿的树种；南坡日照时间长、温度高、湿度较小，多生长阳性旱生的树种。

4. 生物因素

生物有机体不是孤立的，它们之间存在着各种相互的联系，这种相互关系既存在于种内个体之间，也存在于不同的种之间，有的是相互促进的，有的是相互排斥的。不同植物组合，如果可以相互促进，则互为"相生植物"，反之，如果互相排斥，则互为"相克植物"。进行植物配置时应该充分利用植物之间相互促进的关系，促进植物生长，同时也应该避免将相互之间有损害的植物栽植在一起。

5. 人为因素

人为因素包括园林设计、植物配置、养护管理等。人为因素可以对园林植物的生长和发展产生直接的影响。在园林绿化中，可以根据不同的人为因素来选择植物。

（1）美化环境。适宜种植花卉、灌木、乔木等美化环境的植物，以提高环境的美观度。

（2）节约空间。适宜种植攀缘植物、多年生草本植物等，以节约空间和增加层次感。

（3）提供防护。适宜种植树篱、带刺植物等，以提供防护和安全功能。

（4）提供食品。适宜种植果树、蔬菜、草药等，以提供食品和药材。

二、园林植物生态习性的应用

园林植物的生态习性是指植物对环境条件的要求和适应能力。园林植物多种多样，不同的植物生态习性不同。园林植物景观设计既是一门艺术，也是一门科学。而科学则主要体现在尊重植物生态习性的基础上，根据区域环境进行合理的配置，让植物的生态习性能够得到充分的满足。例如，喜阳植物需要充足的阳光才能生长茂盛，在设计中应将其放置在阳光充足的地方；耐阴植物则能适应阴凉的环境，可以放置在树荫下或建筑物的阴影中。此外，植物还有耐旱、耐湿、喜水肥、耐瘠薄等不同的生长习性，都需要在设计和栽植中予以充分的考虑。

【拓展知识】
园林植物学与植物景观设计

在园林植物景观设计中，需要巧妙地运用植物的生长习性。首先，要深入了解各种植物的生长习性，以便在设计中能够准确地选择和配置植物。因此，需要具备丰富的植物学知识，并能够将这些知识灵活地运用到实际设计中。其次，要根据园林景观的整体风格和主题，选择合适的植物进行搭配。不同的植物有着不同的形态、色彩和质感，通过合理的搭配，可以营造出丰富多彩的景观效果。最后，还要注重植物的养护管理。只有定期对植物进行修剪、施肥、浇水等养护工作，才能保证植物的生长状态良好，使园林景观始终保持美观和活力。古人云"道法自然"，在园林植物景观设计中最重要的莫过于尊重植物习性，才能达到"天人合一"，最后形成近乎自然的效果。

任务实施

1. 任务调研与分析

（1）调研方法。采用实地调研、文献查阅与抽样调查的方法对杭州植物园"山水园"植物景观进行整体调查，做好拍照、记录，有条件最好能每个季节多次调查。

（2）分析内容。分析山水园植物景观设计中园林植物生态习性的应用设计。

2. 任务实施步骤

（1）文献查阅。查找相关书籍、文献、网页，提取相关资料。

（2）整体实地调查。对杭州植物园进行整体走访，重点调查其中的"山水园"，记录景区中主要植物种类、植物的种植位置、植物间的关系。

（3）抽样调查。选取"山水园"中的某一处或两处植物群落作为重点调查对象，记录植物种类及其植物生态习性、植物的种植位置、植物间的关系。

（4）资料分析。对以上资料、实地调研材料进行整体分析总结。

3. 任务结果

杭州植物园位于浙江省杭州市西湖区桃源岭，创建于1956年，是20世纪50年代成立的首批三个植物园之一，占地面积约为284万平方米，是一座具有"科学内容、公园外貌"的综合性植物园。根据功能不同可分为观赏植物区（专类园）、植物分类区、经济植物区和森林公园，观赏植物区由木兰山茶园、槭树杜鹃园、桂花紫薇园、桃花园、灵峰梅园、百草园、山水园和竹类植物区8个专类园组成。

山水园紧邻玉泉鱼跃和槭树杜鹃园，占地面积约为3.2万平方米，水域面积约为7500平方米。园中依据自然地势，充分利用原有的山体、洼地等，结合独具匠心的人工造景，形成中心一泓湖水、四周树木环绕、亭台水榭点缀其间的江南山水园林经典之作。山水园水面有两处内港、一座小岛，岸边布置两组亭廊、一座曲桥和一座二层建筑（图1.3.2）。

山水园的植物景观总体上强调山林与色叶植物的延续，突出色彩与形态的变化，营造近乎自然的、四季不同的植物景色。在植物的组合搭配上，结合植物的生态习性，与水体、地形、建筑、园路等元素结合，营造不同的休憩与游览观赏空间。例如，在水中配置水草等多种沉水植物，水面配置睡莲等浮水植物和荇菜、浮萍等漂浮植物，水系岸边配置黄菖蒲、慈姑等挺水植物；而在岸上陆地则根据植物的耐水湿程度，在浅水区域种植池杉、落羽杉一类耐水湿植物，沿岸上种植云南黄馨、红枫、鸡爪槭、枫香、水杉、乌桕等湿生植物。植物各得其所，加之人工的艺术提炼，整个景观体现出宛若自然而高于自然的群落景象。

图 1.3.2　山水园水系植物景观

拓展训练

一、知识测试

（一）填空题

1. 请列举五种适合做地被的木本植物：＿＿＿＿、＿＿＿＿、＿＿＿＿、＿＿＿＿、＿＿＿＿。
2. 请列举五种挺水植物：＿＿＿＿、＿＿＿＿、＿＿＿＿、＿＿＿＿、＿＿＿＿。
3. 影响植物生长的环境因素包括＿＿＿＿、＿＿＿＿、＿＿＿＿、＿＿＿＿、＿＿＿＿五类。
4. 水生植物分为＿＿＿＿、＿＿＿＿、＿＿＿＿、＿＿＿＿四类。

（二）单选题

1. 下列植物中，最适合在水岸边种植的是（　　）。
   A. 白玉兰　　　　　B. 香樟　　　　　C. 广玉兰　　　　　D. 垂柳
2. 下列植物中，适合种植于旱生植物园中的是（　　）。
   A. 碧桃　　　　　B. 牡丹　　　　　C. 鸢尾　　　　　D. 八宝景天

3. 下列植物中，不适合用于儿童活动区的是（　　）。
   A. 栾树　　　　　　B. 杜鹃　　　　　　C. 丝兰　　　　　　D. 石竹
4. 康体疗养景观主要是利用植物的（　　）。
   A. 形态　　　　　　B. 色彩　　　　　　C. 质感　　　　　　D. 芳香
5. 下列颜色中，给人冷静、沉着、深远宁静之感的是（　　）色。
   A. 红　　　　　　　B. 绿　　　　　　　C. 蓝　　　　　　　D. 白

（三）多选题

1. 有关老人活动区的植物景观营造，下列说法正确的是（　　）。
   A. 可选择一两株苍劲的古树点明主题　　　B. 可以常绿阔叶林为主
   C. 可打造保健型植物群落　　　　　　　　D. 可选择杀菌能力强的植物
   E. 可以种植芳香植物
2. 保健型人工植物群落的主要功能有（　　）。
   A. 净化空气　　　　　　　　　　　　　　B. 杀菌，利于防病
   C. 形成小气候　　　　　　　　　　　　　D. 药食治疗，保健强身
   E. 赏景观色，安神健身
3. 下列植物中不适用于老年人活动区的植物有（　　）。
   A. 柳　　　　　　　B. 玉兰　　　　　　C. 银杏　　　　　　D. 杨
   E. 雪松
4. 对二氧化硫抗性强的植物有（　　）。
   A. 大叶黄杨　　　　B. 小叶黄杨　　　　C. 山茶　　　　　　D. 海桐
   E. 小叶女贞
5. 理想的土壤应是（　　）的土壤。
   A. 疏松　　　　　　　　　　　　　　　　B. 有机质丰富
   C. 结实　　　　　　　　　　　　　　　　D. 保水、保肥力强
   E. 有团粒结构
6. 下列植物中属于阴性植物的有（　　）。
   A. 杜鹃　　　　　　B. 一叶兰　　　　　C. 肉桂　　　　　　D. 蕨类
   E. 山茶
7. 温度的变化直接影响着植物的（　　）作用、（　　）作用、（　　）作用等生理作用。
   A. 光合　　　　　　B. 蒸腾　　　　　　C. 挥发　　　　　　D. 呼吸

二、技能训练

调查你所在的城市或熟悉的某一处园林绿地内的一两处植物群落，分析其植物景观在遵循植物生态习性方面的应用考虑，绘制出其配置平面图和立面图，列出植物配置表。

作品赏析

杭州植物园的槭树杜鹃园建于1958年，是以展示槭树和杜鹃花为主的植物专类园，是国内最早建立的杜鹃专类园。槭树杜鹃园以"春观杜鹃花、秋赏霜叶红于二月花"为景题，以杜

鹃、槭树为主要植物配置。根据植物的生态学习性，以山毛榉科的常绿乔木为上木、以槭树为中木、以杜鹃为下木，在空间构图上形成高低错落、富于变化的风景艺术效果。

百草园是杭州植物园一个收集药用植物的专类园，始建于1961年，原为药用小区，1969年单独成立为百草园，1976年完工，占地面积为1.5万平方米，2019年合并了西侧的杜鹃园、杜英林、青龙山等地块，整合为华东药用植物种质资源圃，对外仍称为百草园，现占地面积为17.4万平方米。百草园在原有地形起伏和池塘、水沟的基础上，运用造园艺术、模拟自然等手段，以"本草轩"花廊为中心，分向两侧设立各种小生境，建假山、堆土丘，创造出阳生、阴生、半阴生、水生、岩生、沼生、阴湿生等环境。

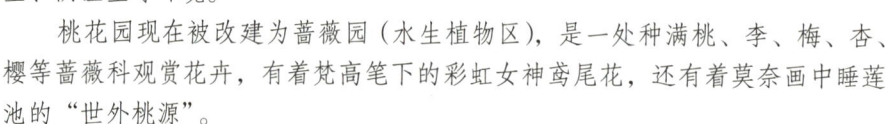

桃花园现在被改建为蔷薇园（水生植物区），是一处种满桃、李、梅、杏、樱等蔷薇科观赏花卉，有着梵高笔下的彩虹女神鸢尾花，还有着莫奈画中睡莲池的"世外桃源"。

任务 4　园林植物与其他造景元素

工作任务

以无锡寄畅园为案例，分析寄畅园中园林植物与其他造景元素之间的关系。

知识准备

植物景观是园林景观的重要组成部分，与其他景观设计要素是紧密相关的。在进行园林植物景观设计时不可孤立地考虑单纯的植物知识和技术，还要认真思考植物与山石地形、水体、建筑等其他造景元素的搭配才能达到更好的景观效果。

一、园林植物与地形、山石

1. 园林地形、山石的造景形式

地形是指园林绿地中地表面起伏的地貌，它是承载树木、花草、水体、园林建筑物等物体的地面，是人化风景的艺术概括，是园林造景的基础。园林设计师习惯利用不同的地形来营造景观，东西方园林在地形营造上有着不同的特点。文艺复兴时期的意大利庄园多建在坡地，就坡势而成若干层的台地景观［图1.4.1（a）］。法国古典主义园林结合本国多平坦的地形特点，利用中轴对称的规整式手法造园［图1.4.1（b）］。英国园林利用平缓的丘陵地形营造出自然、恬静的风景园［图1.4.1（c）］。而在中国古典园林中，造园家则习惯于在园中创造对比强烈的山水地形来象征我国的自然地貌［图1.4.1（d）］。

山石在实际建园中包含假山和置石两个部分。在《风景园林基本术语标准》（CJJ/T 91—2017）中，假山是以造景为目的，用土、石等材料构筑的园林土山或石山。假山大体上可分为土山、石山和土石山三种（图1.4.2）。置石则是以石材或仿石材料布置成自然露岩景观的造景手法（图1.4.3）。

项目 1　初识园林植物景观设计

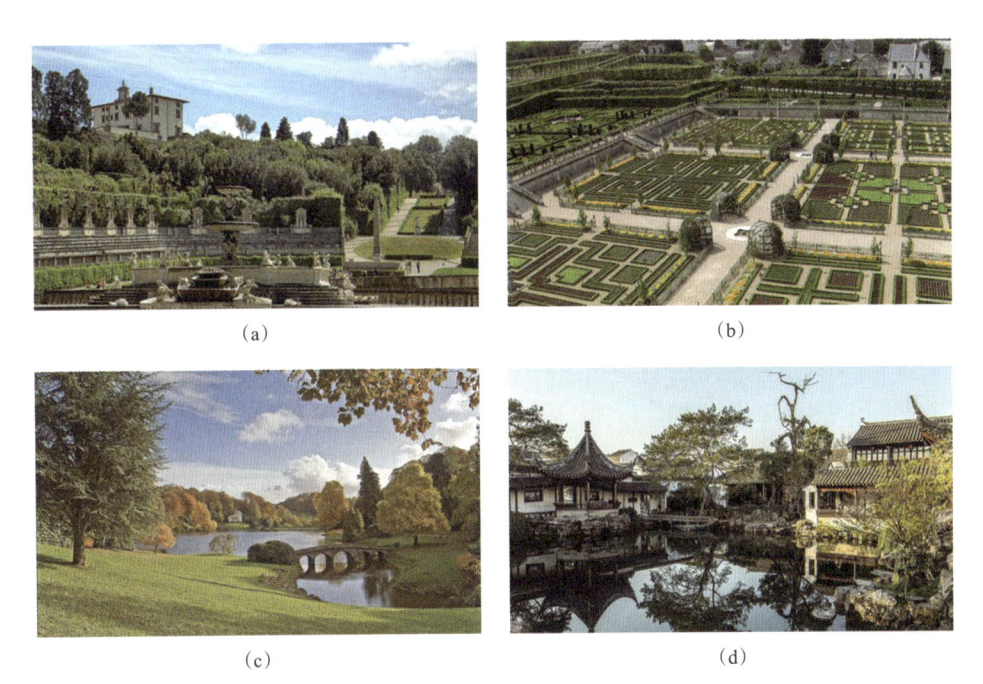

(a)　　　　　　　　　　　　　　　(b)

(c)　　　　　　　　　　　　　　　(d)

图 1.4.1　各国地形与园林景观特点
(a) 意大利波波里花园；(b) 法国爱情花园；(c) 英国斯托园；(d) 中国网师园

(a)　　　　　　　　(b)　　　　　　　　(c)

图 1.4.2　园林中的假山
(a) 颐和园万寿山（土山）；(b) 狮子林石山；(c) 沧浪亭土石山

(a)　　　　　　　　(b)　　　　　　　　(c)

图 1.4.3　园林中的置石
(a) 上海豫园玉玲珑（太湖石）；(b) 居住区置石（泰山石）；(c) 广州小港公园置石（黄蜡石）

· 037 ·

2. 园林植物与地形、山石的关系

园林中的地形对改善植物种植条件具有十分重要的作用，它能够提供平地、低洼、缓陡坡等多种种植空间。不同的种植空间又形成了干、湿、阴、阳等小环境，从而有利于不同生态习性的园林植物生长。如坡的南面宜种植喜光树种，阴面可种植耐阴的植物，低洼湿地可选择耐湿、沼生、水生植物等。

地形、山石与园林植物之间的关系大致可以分为以下四种。

（1）地形、山石作为园林植物的骨架和依托。园林植物景观常以山石、地形作为依托，使景观视线在水平和垂直方向上产生变化，形成起伏有致、变化丰富的林冠线［图1.4.4（a）］。

（2）地形、山石结合植物形成阻挡或形成微气候。地形可以结合园林植物的营造形成不同的空间，从而用来引导人的视线与行为，阻挡狂风、噪声及形成园林微气候等［图1.4.4（b）］。

（3）地形、山石结合园林植物作为背景。园林中凹凸地形的坡面结合园林植物的造景与景观视线、视距的控制，可以更好地成为园林的背景［图1.4.4（c）］。

（4）地形、山石与植物造景形成主景。山石以本身的形体、质地、色彩、意境结合园林植物的烘托形成园林主景，可以打造成为岩石专类园［图1.4.4（d）］。

图1.4.4　地形、山石与园林植物之间的关系

（a）地形作为园林植物骨架；（b）地形形成阻挡或形成微气候；（c）植物与地形形成园林建筑的背景；（d）山石、地形与植物造景形成主景

3. 各类地形空间的植物配置

植物配置要结合地形，充分体现出大自然的风貌。植物配置从地形的特点上可分为平地、坡地、山石的植物配置。

（1）平地的植物配置。平地是指基面在视觉上与水平面平行的地表面，其坡度一般在3%

以下。一般来说，平地上空旷开阔、阳光充足、空气湿度小，相对于其他地形来说，平地除一些人造的建筑物、雕塑小品、广场外，它较少受到环境和空间的制约，因此平地上的植物景观设计具有更多的选择性。平地的植物配置是在总体设计的主题引领下，充分利用园林植物自身的特点，更好地凸显出平地的美学特征，弥补平地小气候环境和使用功能上的不足，从而创造更为赏心悦目、舒适宜人的园林环境。平地植物配置主要有草坪、树林、植物地标、植物雕塑等。

草坪是园林中最简单又最实用的一种绿地形式，它能更好地凸显平地的简明、宁静之美，同时又对其他景物起到了一种烘托作用。设计时，应该在明确草坪功能的前提下采取相应的设计方式，选用能够满足功能要求的草种。如观赏型草坪一般不允许人进入踩踏，此类草坪的选择范围较大，一般草种均可选用。为点缀草坪色彩或活泼气氛也可以选用在一些禾本科植物中混播开花的多年生草本植物，如番红花、石蒜、二月兰、葱兰、韭兰、酢浆草、鸢尾等。而作为休憩娱乐之用的草坪则应选择一些耐踩踏的草坪草，如狗牙根、早熟禾、结缕草、高羊茅等草种。有时候草坪也会与孤植乔木或疏林配置形成景观（图1.4.5）。

图 1.4.5 草坪的植物配置
（a）观赏型草坪；（b）休憩型草坪；（c）福州森林公园草坪与孤植树

树林是指自由栽植的一片乔木树种，形成具有一定面积的浓荫空间。在平地上树林的配置形式如下：乔木+灌木+地被配置、乔木+地被（草坪）配置、乔木+硬质铺装配置（图1.4.6）。设计时应该根据场地具体的空间功能与空间关系进行营造，上层乔木宜选用形体高大的阳性树种，灌木与地被层应该选用耐阴植物。对于硬质铺装上的乔木，应考虑到人群的通行，选择分支点高、树形坚挺的树种，切勿选用泡桐、苦楝等枝条易脱落及青桐、构树等花果易污染地面的乔木。

图 1.4.6 平地树林的植物配置形式
（a）乔木+灌木+地被配置（土山）；（b）乔木+地被（草坪）配置；（c）乔木+硬质铺装配置

植物地标是指在平地上，线条、色彩特别突出能够在视觉上引人注目的植物。地标植物必须有特殊的形态，能够吸引人注意。首先，地标植物必须具有适合地段的尺度，还要拥有出色的形状、色彩或肌理，一年四季都具有观赏性。因此，高大的乔木常常会作为地标植物，特别是成熟后的树木可以成为整个景观的焦点，为园林带来稳定感、历史感和多彩的季相变化。常采用的植物有香樟、榕树、悬铃木、朴树、榉树、雪松、银杏、凤凰木、七叶树、蓝花楹、大腹木棉等［图1.4.7（a）］。值得注意的是，在平坦地形的地标植物周边应该留出足够的开敞空间，或其他植物高度明显矮于地标植物，这样才能突出该植物或植物组群，也便于人们观赏。

平地的简洁往往能够与一些人工修剪而成的造型植物相得益彰，如修剪而成的绿墙、绿篱、绿雕、植物迷宫等。18世纪的法国古典园林就是在各种平地上利用修剪成型的植物形成独具一格的空间格局，并将平坦地形的视觉连续性发挥到了极致［图1.4.7（b）］。但是现代人们对园林的审美观从传统的几何园艺美转向生态美，以造型植物为主的植物景观不能更好地发挥植物的生态效益，加之此类植物景观需要庞大的维护费，这种造型植物景观的大规模使用越来越少，仅在一些特殊场所或特殊时间起到点缀作用，如大型庆典活动的广场、街头，公园绿地中的花雕与绿雕、主要大门入口等［图1.4.7（c）］。

(a)　　　　　　　　　　(b)　　　　　　　　　　(c)

图1.4.7　平地其他植物配置形式

（a）构成视觉焦点的蓝花楹；（b）法国园林中的绿篱；（c）上海共青公园的植物雕塑

（2）坡地的植物配置。坡地是园林中的一个重要的地形，是园林中具有一定坡度的空间。按照坡度的大小，坡地一般分为缓坡地（3%～10%）、中坡地（10%～25%）、陡坡地（25%～50%）、急坡地（50%～100%）和崖坡地（大于100%）。对于坡地的植物配置，可分为不同坡面的植物配置、山顶植物配置和山谷植物配置（图1.4.8）。

不同坡面会造成植物种类的差异。南坡光照条件较好，温度较高，应选择喜光的并且表现一定程度旱生特征的植物，北坡光照较弱，可选择中生树种或耐阴的植物。山坡植物配置应强调山体的整体性与成片效果。可配以色叶林、花木林、常绿林、混交林等。景观以春季山花烂漫、夏季郁郁葱葱、秋季满山红叶、冬季常绿浑厚为好。

园林中山顶的植物配置一般是为凸显出其山体的高度及造型。一般在山脊线附近应植以相应高大的乔木，山坡山谷则应该选用相应较为低矮的植物；而在山顶配以大片花木或色叶树，可形成较好的远视效果；在山顶筑有亭台楼阁的地方，其周围可配以花木或色叶树烘托景物，并形成坐观之近景。

山谷地形曲折深幽，环境阴湿，适于植物生长。植物配置应与山坡浑然一体，强调整体效果。如配置成梨花谷、樱花沟等。在植物选择上可选择中生树种或喜阴树种为好，若山体体量不大，可结合山坡与坡顶的植物配置，营造开合有度，郁闭与开敞相结合的空间。

项目1 初识园林植物景观设计

(a) (b)

(c) (d)

图1.4.8 坡地植物配置形式

(a)、(b) 坡地植物景观营造；(c) 山顶植物景观营造；(d) 山谷植物景观营造

（3）山石的植物配置。假山的植物配置宜利用植物的造型、色彩等特点衬托山体的姿态、质感和气势。假山的植物宜配置在假山的半山腰或山脚。配置在半山腰的植株体量宜小，盘曲苍劲；配置在山脚的植株则相对要高大一些，枝干粗直或横卧。园林假山的植物配置要做到疏密有致，通常在假山的主峰一带最密集，山石布置得越密，树木也栽植得越密集，而在配峰部分相对较稀疏，讲究开合有度，开是起势，合是收尾。不管要表现的景观主题是山石还是植物，都需要根据山石本身的特征和周边的具体环境，精心选择植物，利用植物的形态、色彩、质感及不同植物之间的搭配形式，使山石与植物的搭配得到最自然、最美的景观效果［图1.4.9（a）］。

对于园林植物与置石的搭配，要根据不同石材的特性选择合适的植物烘托出置石之美。太湖石形状各异、姿态万千、通灵剔透，其色泽最能体现"瘦、漏、皱、透"之美。作为孤赏石的太湖石，其周边多配置草本植物如文殊兰、肾蕨、沿阶草、马蔺、玉簪、棕竹、佛肚竹等。而置于道路旁的太湖石，为打破单调，常在其周围配置散尾葵、孔雀竹芋、彩叶朱蕉、金叶假连翘、棕竹、红枫、南天竹等，植物配置最能彰显其古典之美［图1.4.9（b）］。黄蜡石色泽黄润如同打蜡，常被置于公园门口或路旁草丛。当黄蜡石置于门口作为提名石时，其四周通常会配置低矮植物，如肾蕨、何氏凤仙、一串红、四季秋海棠等。当黄蜡石置于路旁或草地中时，常采用灌木+草的配置模式，如花叶良姜+肾蕨、南天竹+孔雀竹芋等［图1.4.9（c）］。英德石一般为青灰色，形状瘦骨铮铮，嶙峋剔透，多皱褶棱，角常与水景相结合。植物搭配常采用乔木+灌木+草的形式搭配。高大乔木形成的背景，很好地衬托了英德石及周围植物的葱郁生命力。如短穗鱼尾葵+青皮竹+狗牙花，或短穗鱼尾葵+海芋+绿萝、佛肚竹+金脉爵床+麦冬等。

· 041 ·

(a) (b) (c)

图 1.4.9　园林山石与植物配置形式

（a）假山与园林植物配置；（b）太湖石的植物配置；（c）黄蜡石的植物配置

二、园林植物与水体

1. 不同水体的植物配置

水体与山石一样都是园林中非常重要的造景要素。无论是中国皇家苑囿的沧海湖泊，还是民间私家园林的一池一泓，抑或是西方园林的水池、水渠、喷泉，都具有各自浓郁的风格特色。水是园林中最有灵性的要素，水的形态也因地形的不同而千变万化，有效仿自然，展现静态之美的湖泊、池、湿地，也有表现水势流动之美的河流、溪涧、瀑布、叠水等，每一种形式的水体都有着各自的植物配置方法。

（1）湖泊的植物配置。湖泊是园林中最常见的水体景观。景观中的湖泊多因形就势，借助自然水源形成视野宽阔、平静清澈的景观效果。同时可将沿岸的景观通过倒影的方式融入构图要素中，正所谓"疏影横斜水清浅，暗香浮动月黄昏"，如杭州的西湖、颐和园的昆明湖、广州海珠湖都是借助湖面形成独具特色的景观效果。湖区多利用水中的水生植物和水岸的乔木、灌木塑造成多层次立体的景观效果。在植物的选择上突出季节性，形成色彩斑斓的季相特点。同时，结合形态、线条及色彩的搭配与驳岸、山石进行互动，形成层次丰富的立体构图的景观，柔化自然湖岸线的单调、平直，再与远山相连接使环境浑然一体。湖面上多运用挺水、浮水植物，这样可以弥补水面的单调，但是切记不可太过于拥堵，以避免破坏湖面的开阔环境［图 1.4.10（a）］。

湖区的植物造景还应该考虑驳岸的形式。针对自然驳岸，在植物配置中要考虑到水生植物、地被、花灌木到乔木的层次变化和过渡，同时也要考虑到空间应该疏密有度，形成由低到高的自然群落。对于人工规则式驳岸，可以进行规则整齐的种植，为避免景观的单调，可以将开花或色叶植物与绿叶植物进行搭配，但也要考虑到层次的变换与植物的整体效果［图 1.4.10（b）］。

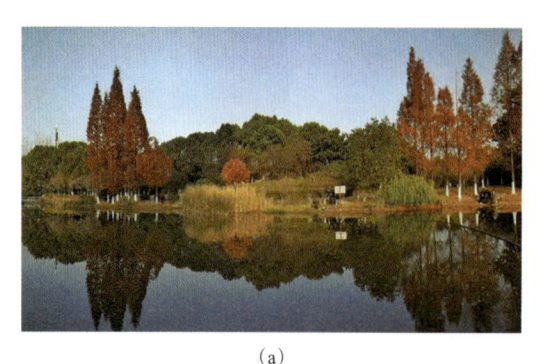

(a) (b)

图 1.4.10　湖区植物配置形式

（a）湖区植物季相景观；（b）人工规则式驳岸植物配置

（2）池的植物配置。在较小的园林中，水体的形式常以池为主，一般多由人工挖筑、深浅不一，有规则式的，也有自然式的。为了获得"小中见大"的效果，植物配置常突出个体姿态或利用植物分割水面空间、增加层次，同时也可以创造活泼和宁静的景观。如网师园的水面面积只有 400 m² 左右，但池边的垂柳、碧桃、黑松、玉兰等疏密有致，既不遮挡视线，又增加了植物的层次［图 1.4.11（a）］。对于规则式水池的植物配置也多为规整式，种植池的位置及植物形态旨在打破水池线条的单调，同时活跃水池周围的气氛［图 1.4.11（b）］。自然式水池的配置手法则更为灵活，多结合形态各异的花灌木和地被，形成深幽的景观效果，强调的是构图变化与均衡，使别致的水池更显生动［图 1.4.11（c）］。

(a)　　　　　　　　　　(b)　　　　　　　　　　(c)

图 1.4.11　不同池的植物配置
(a) 网师园植物配置；(b) 规则式水池植物配置；(c) 自然式水池植物配置

（3）河流、溪涧的植物配置。园林中的河流、溪涧多指一些动态水体，这样的水体源于自然，往往处于不同高差的环境当中。通过这样的地势差可以形成由高到低的流动效果，在这样或急或缓的潺潺流水中，植物迂回其中，营造的是一派自然野趣之象。因此，在营造这样水体的植物景观时，植物设计的重点是氛围和意境的营造。同时，依据地势急缓所形成的水流走向及急缓宽窄来进行合理的植物配置，可以增强变化的空间感。其中，还要注意水流的开合变化，植物的配置也要时而开朗、时而密集，营造曲径通幽、自然淳朴的景观效果［图 1.4.12（a）］。

还有一部分人工河流、溪涧模拟自然溪流的线形和流动的姿态，但驳岸的处理手法明显人工化，这类溪流在进行植物配置时讲求与环境融合，同时还要营造氛围，打破单调，通过轻柔或凝重的植物搭配丰富空间色彩和层次［图 1.4.12（b）］。

(a)　　　　　　　　　　　　　　　　(b)

图 1.4.12　河流、溪涧的植物配置
(a) 自然溪流植物配置；(b) 人工河流植物配置

（4）喷泉、叠水的植物配置。喷泉和叠水也是动态水，但由于其形态精致、声色俱佳，往往在园林中成为环境焦点和视觉焦点而备受关注。喷泉、叠水经常会运用在园林项目中，特别是一些居住区绿化和公园绿化，因此喷泉和叠水的形式也是层出不穷。对于此类水体的植物配置，其重要功能是强调和烘托出主景，不能喧宾夺主。植物配置宜简洁大方，以完善构图为主，形成很好的背景衬托或框景画面（图1.4.13）。

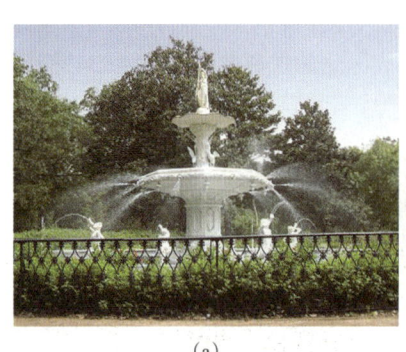

(a)　　　　　　　　　　　(b)　　　　　　　　　　　(c)

图 1.4.13　喷泉、叠水的植物配置形式

(a) 喷泉与植物配置；(b) 叠水与植物配置；(c) 广州东山湖公园植物配置

2. 水体边缘的植物

水体边缘是水面和堤岸的分界线，而水体边缘的植物是水体景观的重要组成部分。平面的水域可以通过配置各种竖向线条的植物，形成具有丰富线条感的构图（图1.4.14）。水缘植物可以增加水的层次；蔓生植物可以掩盖生硬的石岸线，增添野趣；植物的树干还可以充当框架，与水面、远处的景色共同形成一幅自然、优美的图画。

图 1.4.14　海珠湖水缘植物的线条

水缘植物的配置，主要是通过植物的色彩、线条及姿态来组景和造景。在色彩方面，淡绿透明的水色是调和各种园林景物色彩的底色，但对绚丽开花的乔灌木、草本花卉或秋色叶植物却具有衬托作用，而水面的倒影又为这些景观呈现出另一番情趣。在线条方面，平直的水面通过配置具有各种树形及线条的植物可丰富线条构图。另外，探向水面的水边植物，其枝条平伸、斜展、拱曲在水面上都可以形成优美的线条（图1.4.15）。除植物与水面形成的整体构图

外，驳岸边的植物配置也很重要，应特别注意。

图1.4.15　晓港公园水缘植物的色彩、线条

驳岸周边的植物配置既能使山和水融成一体，又对水面空间的景观起着主导的作用。常见的驳岸有土岸、自然石岸、规则石岸等。

（1）土岸。土岸的植物配置，应结合地形、道路、岸线布置，有远有近、有疏有密。最忌用同种树种等距离栽植，或整形式修剪绕岸边栽植一圈。土岸的植物配置应该在视觉上让水体与陆地过渡自然，使景观浑然一体。自然式缓坡适于在水体边缘种植各种湿生植物，既可护岸，又增加了景致。自然式土岸一般有两种配置方式：一种是在驳岸处种植一些姿态优美的树种，其倾向水面的枝干可充当框架，构成一幅自然的画面；另一种是以草坪为底色，在岸边种植草本花卉或灌木，如鸢尾、海芋、水栀子、水葡子、芦苇等，形成错落有致的水岸空间［图1.4.16（a）］。

（2）自然石岸。自然石岸线条丰富，优美的植物线条及色彩可增添景色与趣味。中国古典园林中，驳岸多以自然式山石驳岸为主。植物配置时可以利用植物弥补石岸在施工和设计过程中考虑不全的遗憾，同时柔美的植物与棱角分明的山石相配，强烈对比，更能产生别样的美感。驳岸常种植圆拱形的迎春、薜荔、络石等进行局部遮挡，岸边则选择线条向上的黄菖蒲、鸢尾、伞草等植物，与水平泊岸形成鲜明对比［图1.4.16（b）］。

（3）规则石岸。规则石岸线条生硬、枯燥，植物搭配当以露美、遮丑为原则，使之柔软多变，可配置迎春、云南黄馨、垂柳、藤本月季、棣棠等。让细长柔和的枝条下垂至水面，借枝叶遮挡石岸，岸边可以种植垂柳、红千层配以樱花、碧桃等植物，形成桃红柳绿之景［图1.4.16（c）］。

（a）　　　　　　　　　　　　（b）　　　　　　　　　　　　（c）

图1.4.16　不同驳岸的植物配置
（a）土岸植物配置；（b）自然石岸植物配置；（c）规则石岸植物配置

3. 水面的植物配置

园林中的水面包括湖、水池、河流及小溪的水面。它们大小不一，形状各异，既有自然式的又有规则式的。水面植物景观低于人的视线，与水面相呼应，加上水中倒影，最宜游人观赏。

一般在水面较大的湖中，可在水面上有控制地种植一片浮水植物与水边竖向线条的乔木倒影相呼应，水面切忌过于堵塞，必须予以控制，留出足够空旷的水面来展示倒影［图 1.4.17（a）］。

立面上水面植物高度要低于人的水平视线，面积较小的水域要能透过水面看到对岸的景观，具体配置时还要考虑到植株的高矮和色彩的搭配。要高矮有序，层次分明，不能一味地追求过高或过低的植物。

平面上安排水生植物时，大的水池不要把池面种满，水池中的植物以约占整个池面的 1/3 为宜，以免失去水面的开阔平静之感。配置水面上植物时要避免整齐，不要成行等距地栽植，以免显得呆板、单调、枯燥［图 1.4.17（b）］。水面植物配置可以采用的挺水植物有荷花、千屈菜、水葱等；浮叶和漂浮植物有睡莲、王莲、荇菜、满江红、凤眼莲、大藻等；沉水植物有黑藻、金鱼藻、苦草、菹草、狐尾藻等。

（a）　　　　　　　　　　　　　　　　（b）

图 1.4.17　水面植物配置
（a）水面植物与植物倒影；（b）水面植物的配置

除了上述形式，还有植物与水结合的一些特殊景观，如景观中常见的雨水花园，就是自然形成的或人工挖掘的浅凹绿地，被用于汇聚并吸收来自屋顶或地面的雨水，通过植物、沙土的综合作用使雨水得到净化，并使之逐渐渗入土壤，涵养地下水，或使之补给景观用水、厕所用水等城市用水，是一种生态可持续的雨洪控制与雨水利用设施。

【拓展知识】雨水花园的植物配置

三、园林植物与建筑

园林植物与建筑的配置是自然美与人工美的结合，处理得当可使两者和谐一致。不同风格、类型、功能的建筑及建筑的不同部位应配以不同的植物。园林建筑类型多样、形式灵活，建筑旁的植物配置应和建筑的风格协调统一。同时，也应该考虑到植物不同的生态习性、寓意及与建筑的协调性。

1. 墙与园林植物配置

墙垣是构成空间的一个重要手段，其功能主要是分隔空间、丰富景致层次、控制引导游览路线等，也是建筑物立面最大的组成部分。因此，它的景观最为明显，往往给人以全貌、整体的印象。而墙体本身的造型又比较简单，所以，往往需要以多姿态的植物来增添其活力与美感。

墙基的绿化不仅能使色彩过渡，也产生了一种稳定建筑基础的感觉。常见的植物配置方式是在基础部位栽植一行简洁的绿篱或一些宿根花卉或草本类的植物，如麦冬、鸢尾、吉祥草、绣线菊、小叶栀子、棣棠等；也可以结合花钵、花坛等植物的种植来给生硬的墙体增添生机。

墙面的植物配置也应该根据墙体的厚度、质地、颜色、造型及所处的位置、功能不同而有各种不同的处理方式。如中国古典园林中的粉白墙体可以结合翠竹、红枫等进行点缀。也可用爬藤植物附着于墙体之上，用来遮挡生硬单调的墙面。有时候为了避免植物配置时的单调，还可以在墙体处种植几株花灌木来丰富墙面的景观和色彩（图 1.4.18）。

图 1.4.18　墙与植物配置

2. 窗与园林植物配置

墙上开设窗户，不仅可以装饰墙面、增加景深层次，还可以起到框景的作用。透过漏窗，窗外景物隐约可见，若在窗后再进行适当的植物配置，形成一幅幅生动的小品图画，则能取得更为理想的视觉效果。窗的尺寸是固定的，而窗外的植物是不断生长变化的，因此在进行植物配置时，于窗前或窗后近处宜选择生长缓慢、体型不大的植物，如芭蕉、棕竹、南天竹、佛肚竹、苏铁等（图 1.4.19）。

图 1.4.19　窗与植物配置

3. 门与园林植物配置

门是建筑的入口和通道，有时也起着点题和标志的作用。门是行人的必经之路，门和墙连在一起起到分割空间的作用。在实际设计中，常利用门的造型，以门为框，用植物、园路、景石等要素配合形成精美的艺术构图。对于墙垣中的门洞，可以在门洞处配置一些姿态优美的植物，既起到了引导视线的作用，又形成一小节点［图1.4.20（a）］。而风景区或公园的大门则应当相对简洁，不宜过于追求细枝末节，以简洁明了的构图搭配即可。对于庭园的入口小门，可以在两侧配置开花的花灌木或竹丛作为标志和引导，或用开花的藤本植物盘绕其上［图1.4.20（b）］。

4. 天井与园林植物配置

有的建筑空间留有种植池形成天井，应选择土壤、水分、光照、空气湿度不太严格且观赏价值较大的观叶植物，如芭蕉、鱼尾葵、棕竹、红枫、一叶兰、南天竹等。还可以在天井中结合建筑的构筑形式种植姿态优美的孤植树，将生硬的建筑与植物的优美姿态完美地结合在一起［图1.4.20（c）］。

图1.4.20　门、天井与植物配置

（a）古典园林门与植物；（b）庭园小门与植物；（c）天井的植物配置

5. 园林建筑及小品与植物配置

园林中除有单体的建筑外，还有亭、榭、花架、廊架、栏杆、座椅等建筑小品，它们与植物的关系也是植物配置的重点。对于亭、榭等园林建筑的植物配置，目的在于陪衬、突出或创造观赏的近景。首先，园林植物配置应该和其造型取得协调统一。从亭的结构、造型、主题上考虑，植物选择应和其取得一致，让乔木和亭、榭形成高低错落的对比。其次，从亭、榭的目的和功能上考虑，应选择能充分体现其功能主题的植物。路边的亭子可以配置多种乔灌木，形成幽静的休憩环境。水榭的植物配置要根据水体的大小、倒影等构图选择相应的水生植物（图1.4.21）。

园林中对于花架、廊架的植物配置一般都以藤本的植物攀爬至其上，形成荫庇的休憩空间［图1.4.22（a）］。可根据植物不同的生长特点选择几种开花藤本植物混植，既能延长花期，又能遮挡建筑的缺陷。常用的藤本植物有紫藤、木香、凌霄、蔷薇、金银花、使君子、炮仗花、葡萄等。

围墙是室外场地用来分割空间和组织空间的手段，有砌筑的实体围墙，也有栏杆围合的通透围墙。在植物配置上多用植物进行掩隐，使平直单调的围墙在藤蔓包围下隐约可见，生动活泼，富有生气［图1.4.22（b）］。

园椅是各种园林或绿地中必备的设施，可供游人休息、促膝谈心和观赏风景。其植物配置要求是夏能遮阴，冬不蔽日。所以在园椅旁应选择落叶树种，且树冠高大，分支点较高。还要注意避免种植落花落果植物。园椅的绿化除考虑以上环节外，还要考虑到人的心理特征，所以一般在其后面会配置一排较高的植物绿篱作为背景，起到安全舒心的心理暗示作用［图1.4.22（c）］。

图 1.4.21 园林建筑与植物配置

(a) 沧浪亭植物配置；(b) 寄畅园"梅亭"植物配置；(c) 拙政园"芙蓉榭"植物配置；(d) 拙政园"与谁同坐轩"植物配置

图 1.4.22 花架、围墙、园椅与植物配置

(a) 花架的植物配置；(b) 围墙的植物配置；(c) 园椅的植物配置

任务实施

1. 识读寄畅园的平面图，分析寄畅园的造景手法

（1）源远流长的中国古典园林文化。中国园林作为传统文化宝库的一个分支，它特色鲜明地体现了中国人的自然观和人生观（图 1.4.23）。与西方园林艺术相比，中国古典园林突出地抒发了中华民族对于自然和美好生活环境的向往与热爱。其中，江南园林是最能代表中国古典园林艺术成就的一个类型，它凝聚了中国知识分子和能工巧匠的勤劳和智慧，蕴含了儒释道等哲学、宗教思想及山水诗、画等传统艺术，是中华民族悠久历史和古老文化的见证，是我国历史文化遗产宝库中一颗珍贵的艺术明珠。保护、继承和发展中国古典园林文化对营造生态舒适的人居环境、民族文化景观有着重要的指导意义。

· 049 ·

(a) (b)

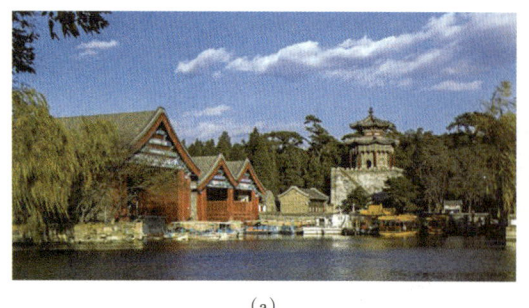

图 1.4.23　中国皇家古典园林颐和园与中国私家古典园林拙政园

(a)中国皇家古典园林颐和园；(b)中国私家古典园林拙政园

（2）寄畅园概况。寄畅园位于江苏省无锡市西郊东侧的惠山东麓，毗邻惠山寺。其始建于明正德十五年（1520年），是江南地区山麓别墅式古典园林的典范。寄畅园总占地面积为9 900 m²，园景布局以山池为中心，巧于因借，融入自然。寄畅园将园外景色借入园中，园内池水引惠山之泉，采用本地的黄石叠砌假山，假山依惠山东麓山势作余脉状，增加了园景的深度。寄畅园建筑物在总体布局上所占的比重较少，园景以山水为主，加之树木茂盛，布置得宜，可从树丛空隙中远眺锡山龙光塔，园内显得开朗。园内主体是水池及其四周所构成的景色，由于假山南北纵隔园内，周围种植高大树木，使水池部分自成一环境，显得幽静。池的西、南、北三面，有临水的知鱼槛亭、涵碧亭和走廊，影倒水中，相映成趣；由亭和廊西望，假山与隔池的亭廊建筑形成自然和人工的对比（图1.4.24）。

图 1.4.24　寄畅园平面图

（3）借景、框景、夹景的造景手法。寄畅园的因借之妙在于山林地造园环境与园林布局的巧妙关联，在于正面全景与侧面景深的精妙组合。通过园中建筑、山石、植物的巧妙组合将远处锡山龙光塔、龙光寺尽收园中（图1.4.25）。

图 1.4.25　站在嘉树堂前远借锡山龙光塔之景与站在先月榭远借龙光塔之景
(a) 站在嘉树堂前远借锡山龙光塔之景；(b) 站在先月榭远借龙光塔之景

框景也是园林中常用的造景手法，常利用门框、窗框、树框、山洞等，有选择地摄取空间的优美景色，形成如嵌入镜框中图画的效果。寄畅园中的框架有嘉树堂南眺之景、各类门洞及郁盘墙上的漏窗墙外之景等（图1.4.26）。

图 1.4.26　寄畅园嘉树堂框景与门洞框景
(a) 寄畅园嘉树堂框景；(b) 门洞框景

夹景是一种带有控制性的构景方式，它不但能够限定视线的范围，还可以使景观视线得到延伸。寄畅园中的夹景多运用在植物的布置上。比如鹤步滩与知鱼槛收拢的水面，以及两岸向水倾斜的植物，不仅使得水体更有狭长之感，还将视线延伸至远处的锡山、惠山，突出借景的作用［图1.4.27（a）］。

而在园林植物景观的设计中，往往会在一定景观轴线的尽头处安排景物，使这两处景之间可以互相观赏的布置方法称为对景。寄畅园中涵碧亭对面的七星桥，知鱼槛对面的鹤步滩，东南角园墙尽头的美人石等，无不运用对景的手法［图 1.4.27（b）、(c)］。

图 1.4.27　寄畅园的夹景与对景
（a）寄畅园夹景；（b）先月榭对景；（c）对景的嘉树堂

2. 分析寄畅园的造景元素与植物配置

（1）叠山置石与植物配置。寄畅园的土石多堆筑在西侧与西北角，这样形成西北高而东南部低缓的地势，这不但能够充分引入惠山之泉水，为寄畅园提供充足的活水水源补给，还顺应了惠山的走势，将惠山之余脉引入园中，使寄畅园与周围环境更好地融为一体，成为真正意义上的山地园。园内的置石主要由湖边的太湖石搭配植物、建筑内的湖石装饰、假山上的石峰、房前的大石等组成。

寄畅园利用假山作为依托，以山石作为骨架使景观视线在水平和垂直方向上都有变化，在形成起伏有致、变化丰富的林冠线的同时，形成视线上的屏障。对于置石的植物配置，常采用佛肚竹、棕竹、蕨类植物、南天竺、沿阶草等进行搭配（图 1.4.28）。

（2）园林理水与植物配置。水在园林中的作用不言而喻，理水的手法更是影响着园林景观的好坏。寄畅园园中汇集了河、湖、泉、瀑、池、涧、滩各种水的形式，可谓将"水"这一造园要素用到了极致。提到寄畅园的理水就不得不提到八音涧，八音涧由西入园，进入黄石假山之间，植物自然生长，依附山石之上，山石高耸过人，形势逼仄，仿佛向人迫近。泉水沿石缝流动，随着山势起伏时而舒畅时而湍急，增添了无数野趣幽情。与八音涧类似的还有曲涧，八音涧、曲涧两处的水汇集在园东形成了一汪水池——锦汇漪。锦汇漪长约 80 m，宽约 20 m，南北长而东西窄。东北角上做出水尾，以显示水体有源有流。水体的驳岸自然曲折，在中部通过鹤步滩和知鱼槛收束水面，从而避免了水体过于狭长的弊端（图 1.4.29）。

寄畅园的植物与水体的关系处处都可圈可点。对于园中的植物均采用自然配置营造野趣，达到贴近自然的效果。在溪涧、叠水开合变化之处，植物搭配时而开敞时而密集，但凡藏水头处、七星桥头池廊交接处都有灌木垂挑掩蔽，留有可窥的视觉，营造余脉不尽的深远意向。园内主体水面"锦汇漪"呈葫芦形，通过水面的缩放与植物的遮掩也使各景点的视线开合有度。水岸周边以形态、线条及色彩各异的植物进行搭配，既形成层次丰富的立体构图，柔化了自然湖岸线条，又突出了植物的季节性，形成色彩斑斓的季相景观。另外，探出水面的枫杨，将水面空间划分成有收有放的两大层次，似隔非隔，有透有漏，使连绵的流水似有不尽之意（图 1.4.30）。

项目 1　初识园林植物景观设计

图 1.4.28　寄畅园假山置石与植物搭配

(a)寄畅园假山布局；(b)假山与植物形成背景与屏障；(c)植物结合山石形成的线条；(d)假山石作为植物依托的骨架；(e)湖边置石的植物配置；(f)美人石的植物配置

· 053 ·

植物景观设计

图 1.4.29　寄畅园水景
（a）寄畅园水域平面；（b）寄畅园溪涧；（c）八音涧水景

图 1.4.30　寄畅园水景与植物配置
（a）寄畅园水域植物季相景观；（b）寄畅园水岸植物配置；（c）寄畅园水源植物配置

· 054 ·

（3）建筑与植物配置。江南的私家园林中常常使用建筑、游廊、门洞漏窗、桥等来对园林空间进行分割、连通与相互渗透，从而起到加强园林空间的纵深感和丰富园林空间层次感的作用。寄畅园在建筑布局上主要有小体量建筑临水而建，大体量建筑依山而建，通过廊、桥连接，对水面形成半包围之势的特点［图1.4.31（a）］。

大体量建筑门厅、凤谷行窝、卧云堂依山而建，单独看，风水上各有靠山，总体看也符合江南园林南宅北园的布局，形成了园林西南功能部分。唯一临水的大体量建筑嘉树堂，通过南侧的平台与水面分隔，这样从南望去，建筑不至过于高大、喧宾夺主［图1.4.31（b）］。

(a)　　　　　　　　　　　　　　(b)

图 1.4.31　寄畅园内的建筑布局

（a）寄畅园建筑布局平面；（b）寄畅园嘉树堂

寄畅园自然式的植物种植柔化了建筑生硬的线条，使自然美与建筑美得到了很好的融合。高大的植物又烘托了建筑的主体，并且姿态不同的植物之间相互穿插、若隐若现，提升了园林与建筑空间层次感。在建筑细节上利用薜荔、麦冬、南天竺、小青竹等来弱化建筑粉墙的单调感，利用棕竹、麦冬、凤尾竹等点缀于门洞处，南天竺、红枫、山茶、麦冬等配置于漏窗天井处自成一景，利用高低错落的植物将假山上的梅亭若隐若现于视线当中。园内的长廊处利用小叶朴、枫杨、五角枫等植物作为空间的骨架，在靠近水岸处则用低矮的灌木弱化建筑规则线条的生硬干。厅堂等主体建筑之处以高大乔木作为背景，利用南天竺、山茶、桂花等植物在建筑周围进行搭配（图1.4.32）。

(a)　　　　　　　　　(b)　　　　　　　　　(c)

图 1.4.32　寄畅园建筑与植物配置

（a）嘉树堂植物配置；（b）嘉树堂漏窗后植物；（c）卧云堂植物配置

图 1.4.32　寄畅园建筑与植物配置（续）

(d) 长廊植物种植；(e) 知鱼槛植物；(f) 郁盘植物种植；(g) 涵碧亭植物种植；(h) 入园至知鱼槛植物种植；(i) 秉礼堂植物种植；(j) 墙内粉墙植物种植；(k) 园门口植物种植；(l) 秉礼堂天井植物种植

拓展训练

一、知识测试

（一）填空题

1. 园林设计师习惯利用不同的地形来营造植物景观，其中文艺复兴时期的意大利庄园常建_____景观，法国古典主义园林喜欢在_____造园，英国园林则利用平缓的_____地形营造出自然、恬静的风景园，而在中国古典园林中，造园家则习惯于在园中创造对比强烈的_____地形来象征我国的自然地貌。

2. 假山大体上可分为_____、_____、_____三种，不同类型的假山与植物的搭配手法也不一样。

3. 常见的驳岸有_____、_____、_____等，应该根据不同的驳岸形式选择和搭配植物。

4. 水的形态与植物配置有一定的联系，园林中常见的动态水一般有溪流、_____、_____等。静态水有湖泊、_____等。

5. 扬州个园与苏州耦园分别因为园中遍植_____与_____而得名。
6. 留园中景点"闻木樨香轩"中的"木樨"指的是_____植物。

（二）单选题

1. 下列植物中不适合用于营造缀花草坪的是（　　）。
   A. 二月兰　　　　B. 结缕草　　　　C. 葱兰、韭兰　　　　D. 酢浆草
2. 下列植物中不适合用在平地中作为绿篱使用的是（　　）。
   A. 红花檵木　　　B. 金叶女贞　　　C. 四季桂　　　　　D. 木芙蓉
3. 山坡植物配置应强调山体的整体成片效果，下列植物中适合营造满山红叶之景的是（　　）。
   A. 黄栌　　　　　B. 四季桂　　　　C. 香樟　　　　　　D. 小叶榕
4. 下列植物中与太湖石搭配，最适合体现置石之美的是（　　）。
   A. 南天竺　　　　B. 大叶黄杨　　　C. 香樟　　　　　　D. 大叶女贞
5. 李白的"大嫂采芙蓉，溪湖千万重"描写的植物是（　　）。
   A. 木樨　　　　　B. 木芙蓉　　　　C. 荷花　　　　　　D. 白玉兰
6. 下列植物中不适用于水面配置的是（　　）。
   A. 王莲　　　　　B. 水葱　　　　　C. 睡莲　　　　　　D. 扶桑

（三）多选题

1. 下列植物中用于自然式驳岸，可以体现其自然之美的是（　　）。
   A. 迎春　　　　　B. 龟甲冬青　　　C. 旱伞草　　　　　D. 四季桂
   E. 棣棠
2. 下列植物中常用于湖区的是（　　）。
   A. 垂柳　　　　　B. 水杉　　　　　C. 落羽杉　　　　　D. 枫杨
   E. 乌桕
3. 中国古典园林庭园常在窗前配置姿态优美的植物以形成框景，下列植物中常被种植在窗前的是（　　）。
   A. 芭蕉　　　　　B. 棕竹　　　　　C. 小叶榕　　　　　D. 南天竺
   E. 佛肚竹
4. 下列古典园林建筑中，以赏荷为主的景点是（　　）。
   A. 芙蓉榭　　　　B. 远香堂　　　　C. 荷风四面亭　　　D. 秋香馆
   E. 玉澜堂
5. 石山的植物选择要求有（　　）。
   A. 生长迅速　　　　　　　　　　　B. 植株低矮或匍匐
   C. 抗逆性强　　　　　　　　　　　D. 灌木、藤本
   E. 多年生宿根和球根花卉及部分一二年生花卉
6. 关于水面植物的配置，下列说法正确的是（　　）。
   A. 选择高度有差异的植物组合　　　B. 铺满水面
   C. 沿岸片植　　　　　　　　　　　D. 水面中央丛植
   E. 沿岸种植一圈

二、技能训练

试以寄畅园内的一处景点为场地，分析该处的植物景观配置与其他景观元素之间的关系，如植物与其他造景元素的配置手法、景观视线的分析、植物与其他造景元素的层次关系、季相的变化等，并绘制出场地的平面图和分析图。

作品赏析

本节分别选取了颐和园、郭庄、岭南和园的植物景观供赏析，分别代表了北方园林、江南园林和岭南园林植物配置情况。三大园林在植物配置上各有侧重，北方园林注重植物的季相变化和形态美，江南园林追求自然意境和文化内涵，而岭南园林则强调植物的多样性和生态功能。这些园林植物配置的差异，既是地理气候条件的反映，又是各地文化特色的体现。在现代园林设计中，可以借鉴这些传统园林的植物配置原则，结合现代审美和技术手段，创造出既美观又富有生态价值的园林空间。

北方园林、江南园林和岭南园林植物配置案例赏析

项目2 园林植物景观设计方法分析与图纸表达

📁 项目描述

作为植物景观设计师，除掌握基本的植物学知识和设计原则外，还需要具备扎实的植物设计基础技能。这些技能包括植物的种植方式、园林景观植物的空间类型及其设计应用，以及在园林项目各个阶段中，植物景观设计师的具体工作内容和对应的图纸要求。因此，作为一名植物景观设计师，在正式上岗前，必须掌握本项目所涉及的基本设计技能，以确保能够顺利开展园林植物景观设计工作。

项目分析

在园林设计项目的不同阶段，植物景观设计师需要明确植物设计的工作内容与深度，并合理安排植物的种植方式和空间布局。在图纸表达中，最为直观的表现就是园林植物的空间布局和种植方式。园林植物景观的空间形态与种植方式密切相关，因此，设计师必须熟悉园林植物景观的空间类型，根据方案构思，进行合理规划与组合，并选择合适的种植方式形成设计空间，从而准确表达设计意图。

学习目标

➤ 知识目标

掌握植物种植方式；熟悉园林植物景观空间类型；熟悉园林植物景观设计的设计程序；掌握园林植物景观设计图纸内容与要求。

➤ 能力目标

能灵活应用植物的种植方式；能根据设计方案进行园林植物景观空间设计；能按园林植物景观设计程序绘制相应的图纸。

➤ 素质目标

具有分析解决问题的能力；具有规范化的岗位责任意识；具有园林美的审美情操；具有追求精益求精的工匠精神；培养团队合作意识和吃苦耐劳的岗位精神。

任务 1　园林植物景观设计的种植方式分析

工作任务

分析杭州西湖花港观鱼"雪松大草坪"景点植物种植方式，并分析其景观效果。

知识准备

植物的种植形式是设计的基础，掌握种植形式的类型、特点是设计的前提。植物的种植形式分为规则式种植、自然式种植和混合式种植。

一、规则式植物种植

规则式植物种植又称为整形式、几何式、图案式等，是指园林景观中植物成行、成列、等距离排列种植，或做有规则的简单重复，或具规整形状。其具有整齐、严谨、庄重和人工美的艺术特色。

1. 对植

在构图轴线两侧栽植互相呼应的园林植物，称为对植。对植可以是 2 株树、3 株树，或 2 个树丛、树群。

（1）对植的方式有以下两种。

1）对称栽植。对称栽植是指树种相同、大小相近的乔灌木配置于中轴线两侧，如建筑大门两侧，与大门中轴线等距栽植两株大小相同的雪松或桂花。

2）非对称栽植。非对称栽植是指树种相同，大小、姿态、数量稍有差异，距轴线距离大者近些，小者远些的栽植方式。非对称栽植常用于自然式园林入口、桥头、假山登道、园中园入口两侧（图 2.1.1）。

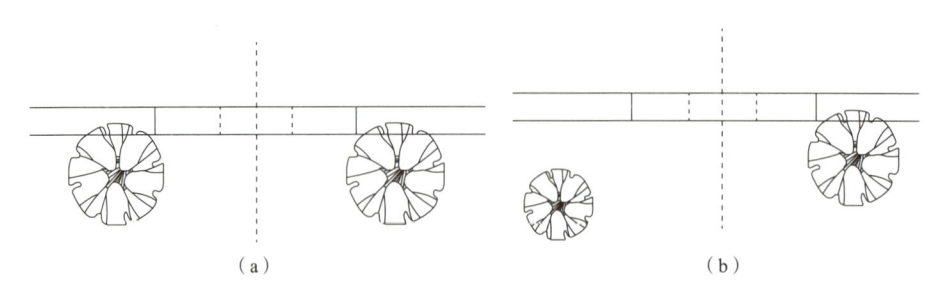

图 2.1.1　对称式栽植与非对称栽植
(a) 对称式栽植；(b) 非对称栽植

（2）对植的树种选择。对植多选用树形整齐优美、生长缓慢的树种，以常绿树为主，但很多花色、叶色或姿态优美的树种也适于对植。常用的有松柏类、南洋杉、云杉、加拿利海枣、苏铁、非洲茉莉、桂花、白玉兰、广玉兰、香樟、国槐、银杏、蜡梅、碧桃、西府海棠、垂丝海棠、龙爪槐、红枫、羽毛枫、梅等，或选用可进行整形修剪的树种进行人工造型，以便从形体上取得规整对称的效果，如整形的黄杨、大叶黄杨、红叶石楠、海桐、红花檵木、黄金榕等也常用于对植。

（3）对植的应用。对植常用于建筑物前、大门两侧、入口处、桥头两旁、石阶两侧等，起烘托主景作用，给人以庄严、整齐、对称和平衡的感觉，或形成配景、夹景，以增强透视的纵深感（图 2.1.2）。

图 2.1.2　武汉园博会中宁波园入口对植的两株造型罗汉松与北海公园中建筑物前对植的白皮松
(a) 武汉园博会中宁波园入口对植的两株造型罗汉松；(b) 北海公园中建筑物前对植的白皮松

2. 列植

列植是指乔木、灌木沿一定方向（直线或曲线）按一定的株行距连续栽植的种植类型。

（1）列植的方式。列植分为单行列植、环状列植、顺行列植、错行列植等方式（图 2.1.3），其中依据种植间距每种方式又可分为等行等距和等行不等距两种。等行等距的种植从平面上看是正方形或正三角形，多用于规则式园林绿地或混合式园林绿地中的规则部分。等行不等距的种植，从平面上看种植点呈不等边的三角形或四边形，多用于园林绿地中规则式向自然式的过渡地带。

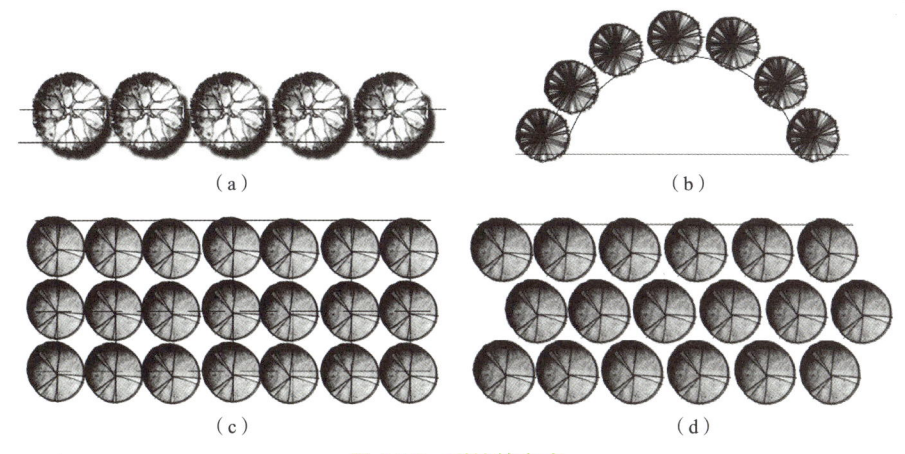

图 2.1.3　列植的方式
(a) 单行列植；(b) 环状列植；(c) 顺行列植；(d) 错行列植

（2）列植的树种选择。列植宜选用树冠形体比较整齐、枝叶繁茂的树种，如圆形、卵圆形、椭圆形、塔形等的树冠，或者观花、观叶、观果等具有观赏性的树种。常用的树种中，大乔木有油松、圆柏、银杏、国槐、白蜡、元宝枫、毛白杨、悬铃木、香樟、臭椿、合欢、榕树、雪松、榉树、榆树、无患子、栾树、白玉兰、深山含笑、乐昌含笑、羊蹄甲、小叶榄仁等；小乔木和灌木有樱花、碧桃、鸡爪槭、垂丝海棠、西府海棠、丁香、红瑞木、黄杨、月季、木槿、石楠等；绿篱多选用圆柏、侧柏、大叶黄杨、雀舌黄杨、金边黄杨、红叶石楠、水蜡、小檗、蔷薇、小蜡、金叶女贞、黄刺玫、小叶女贞、石楠等分枝性强、耐修剪的树种。

（3）列植的应用。列植在园林中可发挥联系、隔离、引导、屏障等作用，可形成夹景或障景，多用于各种道路、广场、建筑周围、防护林带、水边，是规则式园林绿地中应用最多的基本栽植形式（图2.1.4）。列植的株行距大小取决于树种的种类、用途和苗木的规格及所需要的郁闭度。一般大乔木的株行距为5～8 m，中、小乔木为3～5 m，大灌木为2～3 m，小灌木为1～2 m，绿篱的种植株距一般为30～50 cm，行距也为30～50 cm。

(a)　　　　　　　　　　　　　(b)

图2.1.4　南京林业大学校园内道路列植的悬铃木与樱花
(a) 悬铃木；(b) 樱花

3. 篱植

由灌木或小乔木以近距离的株行距密植，形成单行或多行的结构紧密的种植形式，称为篱植。

（1）篱植的类型。按照高度分，篱植可以分为矮篱（$h<50$ cm）、中篱（h 为 0.5～1.5 m）、高篱或绿墙（$h>1.5$ m）三个类型。

根据功能和观赏要求不同，篱植可分为常绿篱、落叶篱、彩叶篱、花篱、果篱、刺篱、蔓篱、编篱。

（2）篱植的植物选择可分为以下几种。

1）常绿篱：大叶黄杨、小叶黄杨、龟甲冬青、圆柏、侧柏、龙柏、海桐、珊瑚树、黄杨、小叶女贞、八角金盘、凤尾竹、白马骨等。

2）彩叶篱：红花檵木、红背桂、红叶石楠、金边黄杨、金叶女贞、金森女贞、洒金珊瑚、紫叶小檗、翠芦莉、洒金榕等。

3）花篱：杜鹃、月季、八仙花、金丝桃、栀子、锦带花、绣线菊、扶桑、三角梅、木槿、连翘、迎春、云南黄馨、棣棠、五色梅、茉莉等。

4）果篱：枸骨、火棘、紫珠等。

5）刺篱：火棘、月季、枸橘、枸骨、黄刺玫、小檗、花椒、柞木等。

6）蔓篱：凌霄、紫藤、蔷薇等。

7）编篱：雪柳、紫穗槐等。

（3）篱植的应用。篱植以防护、界定范围为主，一般采用常绿篱、彩叶篱、花篱、果篱、刺篱，用作组织游览路线，或防止人为破坏观赏草坪、基础种植等，通行部分则留出路线。以分割空间和屏障视线的功能为主，最好用常绿树组成高于视线的绿墙，如把综合性公园中的儿童游乐区、露天剧场、体育运动区与安静休息区分隔开来，减少相互干扰。在混合式绿地中的局部规则式空间，也可用绿墙隔离，使风格对比强烈的两种布局形式分开。作为喷泉、雕像的背景时，常将常绿树修剪成各种形式的绿墙，其高度一般要高于主景。作为花境背景的绿篱时，一般为常绿的高篱和中篱。美化挡土墙或建筑物墙体时，一般用中篱或矮篱，可以是一种植物，也可以是两种以上植物组成高低不同的色块。制作模纹图案时，常用枝叶密集、耐修剪的绿篱植物品种，如金叶女贞、金森女贞、紫叶小檗、小叶黄杨、红花檵木、小蜡、龙柏、金边大叶黄杨、红叶石楠等，丰富了园林植物景观（图 2.1.5）。

图 2.1.5　篱植在中西方园林中的应用

二、自然式植物种植

自然式植物种植方式往往给人以亲切、灵活、自然之感，更容易让人感受、体验自然。常见的自然式植物种植方式包括孤植、丛植、群植、林植。

1. 孤植

孤植一般指单株种植，体现个体美，也包括 2～3 株合栽形成一个整体树冠的种植方式。

（1）孤植树种选择。作孤植树的树种，一般需树木高大雄伟，树冠开展，树形优美，且寿命较长，或者具有美丽的花、果、树皮或叶色供人观赏。因此，在树种选择时，可以从以下五个方面考虑。

1）树形高大，树冠开展，如国槐、悬铃木、银杏、油松、合欢、香樟、榕树、无患子、七叶树、青冈栎等。

2）树形优美、寿命长，如雪松、罗汉松、白皮松、金钱松、垂柳、龙爪槐、蒲葵、椰子、海枣等。

3）开花繁茂，芳香馥郁，如白玉兰、二乔玉兰、樱花、广玉兰、栾树、桂花、梅花、海棠、紫薇、凤凰木等。

4）硕果累累，如木瓜、柿、柑橘、柚子、枸骨等。

5）彩叶树木，如乌桕、枫香、黄栌、银杏、白蜡、五角枫、三角枫、鸡爪槭、白桦、紫叶李等。

（2）孤植的应用。孤植种植手法常用于开阔的大草坪，或者用于桥头、水边、建筑庭园或广场的构图中心，园路转弯处和花坛、树坛的中心，起到视觉焦点的作用，也可引导视线，或者引人入胜，是自然式景观中常见的种植方式（图2.1.6）。

孤植树种植的地点，要求比较开阔，不仅要保证树冠有足够的空间，而且要有比较合适的观赏视距和观赏点，让人有足够的活动场所和恰当的欣赏位置。

（a） （b）

图 2.1.6　延庆世园会孤植的元宝枫与南京栖霞山孤植的银杏
(a) 延庆世园会孤植的元宝枫；(b) 南京栖霞山孤植的银杏

2. 丛植

丛植是指两株到十几株同种或不同种乔木、灌木，或乔、灌木组合而成的种植形式。

（1）丛植可分为以下四种。

1）两株丛植。两株丛植的树可以采用同种或不同种，且在姿态、体量上要有差异，两株之间既有调和又有对比，且种植间距应小于两株冠幅半径之和，使冠与冠交错（图2.1.7）。

2）三株丛植。三株树种可同种或不同种，在姿态、体量上要有差异，同时在平面构图中需遵循任意不等边三角形原则，切忌形成等边三角形或等腰三角形（图2.1.8）。当树种相同时，三株树的配置分成二组，数量之比是2∶1，通常冠幅最大的和最小的形成一组，中间的形成另一组，以满足均衡的原则。树种不同时，如果是两种树最好同为常绿树，或同为落叶树，或同为乔木，或同为灌木。三株树的配置分成两组，数量之比是 2∶1，通常冠幅大、中者为一种树，最小者为另一种树，且大者和小者抱团，与中者形成不等边三角形。

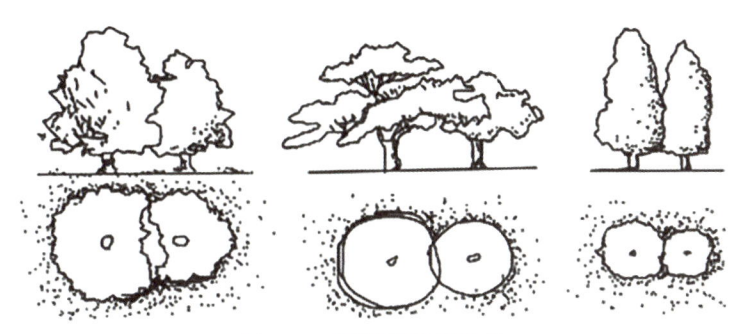

图 2.1.7　两株丛植的方式

图 2.1.8　三株丛植不等边三角形种植方式

3）四株丛植。四株可同种或不同种，通常最多为两种树，并且同为乔木或灌木。四株配置分为两组，数量之比为 3∶1，切忌 2∶2，单株树种的树木在体量上既不能为最大，也不能为最小，不能单独成组，应在三株一组中，并位于整个构图的重心附近，不宜偏置一侧。四株树的平面构图为任意不等边三角形和不等边四边形，构图上遵循非对称均衡原则，忌四株呈一直线、正方形、菱形或梯形（图 2.1.9）。

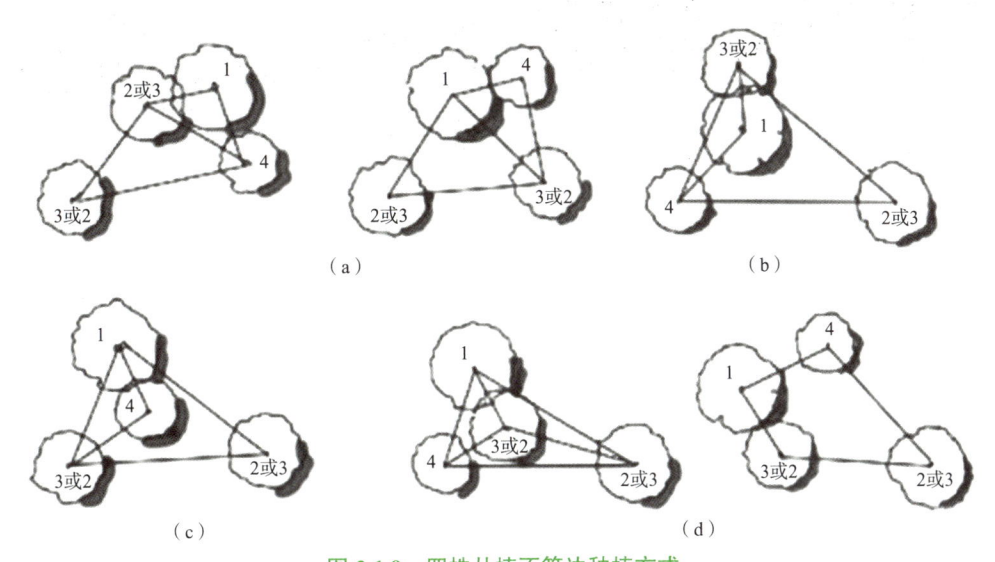

图 2.1.9　四株丛植不等边种植方式
（a）同一树种的不等边四边形构图；(b)、(c) 同一树种的不等边三角形构图；
(d) 两种树种，单株的植物位于三株树种的构图中间

4）五株以上丛植。相同树种：五株树木的配置分两组，数量之比为4∶1或3∶2，体量上有大有小。数量之比为4∶1时，单株成组的树木在体量上既不能为最大，又不能为最小；数量之比是3∶2时，体量最大的一株必须在三株一组中。不同树种：五株配置最多为两种树，并且同为乔木或灌木。五株树木的配置分成两组，数量之比为4∶1或3∶2，每株树的姿态、大小、株距都有一定的差异。如果数量之比是4∶1，单株树种的树木在体量上既不能为最大，也不能为最小，不能单独成组，应在四株一组中。如果数量之比为3∶2，两株树种的树木应分散在两组中，体量大的一株应该是三株树种的树木。构图：五株树的平面构图为任意不等边三角形或不等边四边形或不等边五边形，忌五株排成一直线或正五边形。

（2）丛植的植物选择。丛植植物讲究植物的组合搭配效果，通过合理搭配形成优美的群体景观。通常考虑季相的话采用常绿树+落叶树的组合，以满足不同季节的观赏性，如香樟+鸡爪槭、银杏+桂花、枫香+蜡梅+海桐等。也可以种植单一植物，体现纯粹景观，如三五株梅花、樱花、碧桃、紫荆、银杏、香樟、鸡爪槭、无患子等丛植效果都不错。

（3）丛植的应用。丛植是自然式园林中最常用的种植方式，以反映树木的群体美为主。群体之间既要有联系又要有变化，比如树形、姿态、落叶与常绿等方面的差异。丛植的树木之间一般冠和冠相交，以形成整体的效果，但也要考虑植物生长环境和长期效果，做到疏密有致。

丛植可应用于转角、出入口、转弯处，形成障景、隔景的效果，引人入胜（图2.1.10）。也可用于草坪空间，起到分隔空间的效果，增强景深。还可用于水边形成点缀，充当背景，起到陪衬和烘托景观主题的作用。

(a) （b）

图 2.1.10　延庆世园会丛植的油松与北京海淀公园天目琼花丛植于林缘

(a) 延庆世园会丛植的油松；(b) 北京海淀公园天目琼花丛植于林缘

3. 群植

二三十株以上至数百株的乔木、灌木成群配置时称为群植，其群体称为树群。树群可由单一树种组成，也可由多个树种组成。

（1）群植可分为单纯树群和混交树群。

1）单纯树群。单纯树群由一个树种组成，为丰富其景观效果，树下可用耐阴花卉如玉簪、萱草、金银花等作为地被植物［图2.1.11（a）］。

2）混交树群。混交树群是多种植物、多层结构，水平与垂直郁闭度均较大的植物群落。其组成层次至少3层，多可至6层，一般为乔木层、亚乔木层、灌木层、地被层［图2.1.11（b）］。

（a） （b）

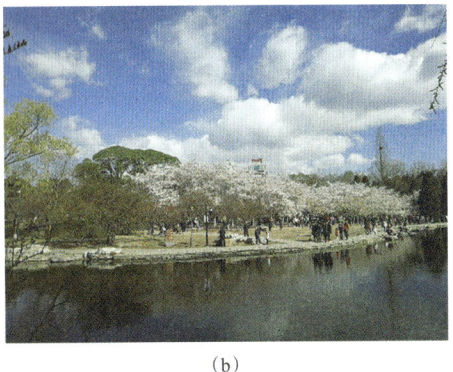

图 2.1.11　北京中关村科技园银杏树群与北京玉渊潭公园混交树群春景
(a) 北京中关村科技园银杏树群；(b) 北京玉渊潭公园混交树群春景

（2）群植的植物选择。单纯树群多选择树形、姿态优美或观花、观果的植物。其将某种植物群植，或以某种植物为主，配植类似的几种植物混合种植，结合地形营造起伏的林冠线。

混交树群层次分明，常以常绿树和落叶树相结合进行配植。考虑近期和远期效果，大乔木可选用速生与慢生树种相结合，小乔木和大灌木以观叶、观花或观形为主，为树群的主要观赏层。常见的速生树种有法国梧桐、杨树、桉树、白蜡、楸树、榆树、槐树、泡桐等。

（3）群植的应用。群植多用于自然式园林中，植物栽植应有疏有密，不宜成行、成列或等距栽植。设计树群时，应根据生态学原理，模拟自然群落的垂直分层现象配置，同时营造高低起伏的林冠线和婉转迂回的林缘线，形成相对稳定而自然的植物群落。

4. 林植

林植是指较大面积、多株栽植形成片林的种植。

（1）林植有以下两种分类方式。

1）按郁闭度分为疏林和密林。疏林的郁闭度一般为 0.4～0.6，也可以更低。疏林根据林下的配置又有草地疏林和花地疏林，以广场相结合形成疏林广场（图 2.1.12）。密林的郁闭度一般为 0.7～1.0。

（a） （b）

图 2.1.12　杭州西湖水杉林景观与深圳音乐厅广场前小叶榄仁树阵景观
(a) 杭州西湖水杉林景观；(b) 深圳音乐厅广场前小叶榄仁树阵景观

2）按树种组成分为纯林和混交林。纯林通常种植一种植物，或以某种植物为主，配以相似种类植物统一风格，结合树龄、地形营造林冠线起伏的风景。混交林则注重植物间的生态关系、层次，力求满足植物的生态习性，营造健康、稳定的群落。

（2）林植的植物选择。适合林植为纯林的植物与群植的种植方式相似，优先选用树形、姿态优美或观花、观叶、观果的植物。如江浙地带常见的水杉纯林，或者以水杉为主，搭配池杉、水松、墨西哥落羽杉等几种类似树种，形成简洁、大气的风景，林下种满二月兰，极大地丰富了春季景观，对游客有很大的吸引力。

混交林的植物间搭配需要遵循生态理念及可持续发展原则进行合理配置，也需要考虑季相时间性，让人们感受四季更迭的自然景观。

（3）林植的应用。林植一般应用于公园景观和风景名胜区中，形成风景林、防护林，或作为背景，起分隔空间的作用（图2.1.13）。

图 2.1.13　深圳湾公园中的红树林景观为鸟类提供了良好的栖息地

三、混合式植物种植

混合式植物种植是规则式植物种植和自然式植物种植的结合，具体应结合绿地现状和设计方案进行综合考虑，因地制宜。混合式植物种植既有规则式的整齐感，也有自然式的灵活性和多样性，通过不同的种植方式给人以丰富多样的植物景观。

任务实施

熟悉项目概况，识读设计方案，分析"雪松大草坪"植物种植方式及其效果

雪松大草坪是花港观鱼公园内最大的草坪活动空间，也是杭州疏林草地景观的杰出代表。该群落面积约为14 080 m²，以高大挺拔的雪松作为主要的植物材料，在体量上相互衬托，十分匹配。雪松单一树种的集中种植体现了树种的群体美；适当的缓坡地形更强调了雪松伟岸的树形。四角种植的方式，既明确限定了空间，又留出了中央充分的观景空间和活动空间，使景观效果与功能都得到了很大的满足。整体种植方式以丛植、群植为主，平面图如图2.1.14所示。

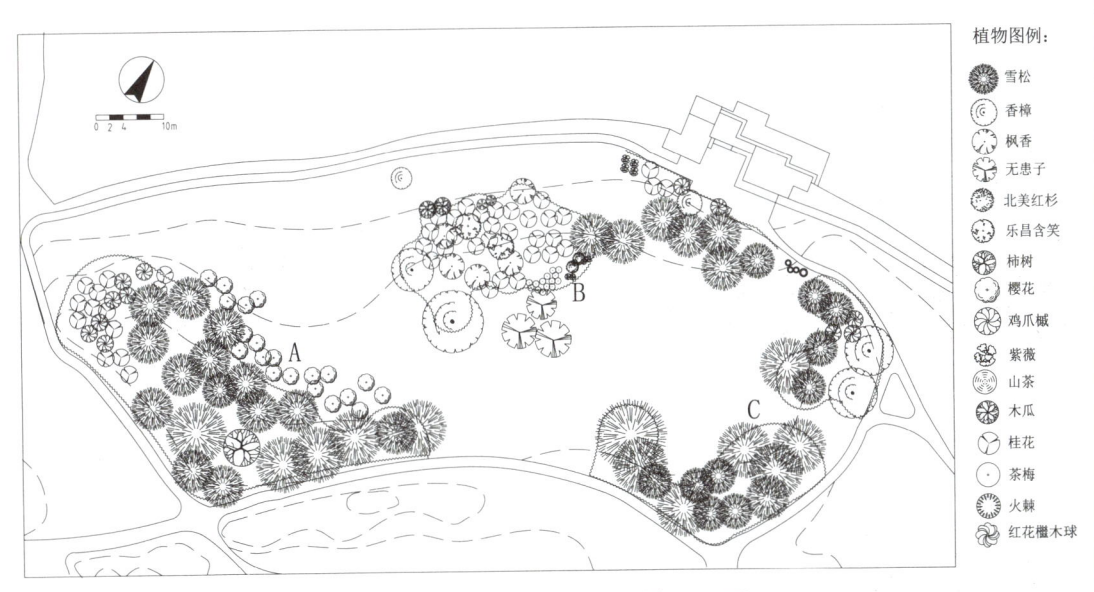

项目2　园林植物景观设计方法分析与图纸表达

植物图例：
雪松
香樟
枫香
无患子
北美红杉
乐昌含笑
柿树
樱花
鸡爪槭
紫薇
山茶
木瓜
桂花
茶梅
火棘
红花檵木球

图 2.1.14　花港观鱼雪松大草坪平面图

根据植物群落的平面布局，雪松大草坪可基本划分为3组植物组团，分别命名为A、B、C。各组团植物种植方式和景观特色的分析如下。

（1）A组植物。A组植物位于地块西南角，沿角群植数株雪松，姿态各异，低矮的枝叶很好地分隔了西部景观。为强调公园的休闲性质、适当缓和雪松围合形成的肃穆气氛，设计者在本组雪松林缘错落种植了数株樱花，春季景观效果突出。数株樱花以丛植的种植方式种于林缘，雪松群形成绿色背景，在整体色彩、层次上都很鲜明（图2.1.15）。

图 2.1.15　A组樱花在雪松的衬托下蔚为壮观

（2）B组植物。B组植物为雪松大草坪的中心和主景，植物种类包括雪松、香樟、无患子、枫香、乐昌含笑、北美红杉、桂花、茶梅、麦冬等，是雪松大草坪中物种最为丰富的一组。该组为混交群落，采用群植的种植方式，无患子、枫香、北美红杉丰富了整个草坪空间色彩，桂花则在嗅觉上加深了景观的层次（图2.1.16）。

（3）C组植物。C组植物为雪松纯林，植株较其他两组高大，其中最大的一株雪松胸径达72 cm，冠幅达16 m，最高的一株雪松高达17 m。为了体现雪松的个体美和群体美，该组采用的种植方式有孤植、群植，结合起伏的微地形，形成错落有致的内向空间，为游客提供了一处娴静舒适的环境（图2.1.17）。

在整个草坪中，三组植物组团既明确限定了空间，又给中部留出了充分的观景空间和活动空间，疏密有致，游人可玩可赏，视线或开朗或深远，景观效果与功能都得到了极大的满足。

图 2.1.16　B 组植物秋季景观

图 2.1.17　C 组雪松纯林景观

拓展训练

一、知识测试

（一）填空题

1. 对植的种植方式分为_____和_____两种。
2. 列植的种植方式分为_____、_____、_____、_____四种。
3. 自然式种植方式在平面构图上遵循_____三角形。

（二）单选题

1. 以下种植方式中不属于自然式的是（　　）。
   A. 孤植　　　　　　B. 对植　　　　　　C. 丛植　　　　　　D. 群植
2. 下列不属于三株树丛配置原则的是（　　）。
   A. 树种搭配不超过两种　　　　　　　B. 各株树应有姿态、大小的差异
   C. 最大的一株稍远离　　　　　　　　D. 三株不在同一条直线上，且不为等边三角形
3. 以下属于规则式种植的是（　　）。
   A. 列植　　　　　　B. 丛植　　　　　　C. 群植　　　　　　D. 林植

4. （　　）是较大面积、多株数成片的种植，通常有纯林、混交林结构。
   A. 孤植　　　　　　B. 丛植　　　　　　C. 林植　　　　　　D. 群植
5. 疏林的郁闭度一般为（　　）。
   A. 0.3～0.6　　　　B. 0.5～0.6　　　　C. 0.4～0.6　　　　D. 0.4～0.7

（三）多选题

1. 孤植的种植方式适用于（　　）场景。
   A. 开朗的大草坪　　　　　　　　　B. 广场中心
   C. 桥头　　　　　　　　　　　　　D. 自然园路转弯处
   E. 建筑院落
2. 六株植物丛植，植物种类数量之比为（　　）和（　　）合宜。
   A. 1∶5　　　　　　B. 3∶3　　　　　　C. 4∶2　　　　　　D. 1∶1
3. 下列植物适合营造花地疏林地的是（　　）。
   A. 玉簪　　　　　　B. 二月兰　　　　　C. 吉祥草　　　　　D. 大花萱草
   E. 肾蕨
4. 下列植物中适合孤植的有（　　）。
   A. 桂花　　　　　　B. 紫薇　　　　　　C. 香樟　　　　　　D. 蜡梅
   E. 连翘
5. 下列植物中可用于彩叶篱的有（　　）。
   A. 大叶黄杨　　　　B. 红背桂　　　　　C. 金叶女贞　　　　D. 紫叶小檗
   E. 小叶女贞

二、技能训练

1. 试为杭州花港观鱼雪松大草坪景点以其他种植方式进行植物景观配置，绘制平面图和立面图。
2. 调查所在城市的某处小型园林绿地的植物景观设计，包括植物种类、植物种植形式，做成PPT进行景观展示和评价，对认为不足的地方给出调整建议，并绘制一两处主要景点的植物景观设计图（平面图和立面图）。

作品赏析

不同的种植方式给人以不同的视觉感受，本节选用国内外经典园林植物景观图片展示规则式和自然式种植方式，加深对种植方式的理解与掌握。

法国凡尔赛宫，位于法国巴黎西南郊外伊夫林省省会凡尔赛镇，作为法兰西宫廷长达107年（1682—1789），是世界五大宫之一，面积为6.7 km^2。在凡尔赛的花园里，人们可以看到被"驯服"的大自然，与其宏伟的古典主义风格建筑相对应的是规整的几何花坛、数量繁多的喷泉雕塑、壮观的运河及大小不同的庄园。

英国斯托海德庄园，被誉为英国最美的花园。位于英国威尔特郡的一片面积为1 072万 m^{2}的土地，包括宅邸、园林、农田、森林等元素。受英国特有的迷人乡村自然景观的影响，不同于中国园林，英国式的园林是还原自然。园中的湖泊、桥梁、古典庙宇、假山和树木共同构成了如画的风景。

日本枯山水庭园，是日本特有的造园手法，堪称日本古典园林的精华与代表。其本质意义是无水之庭，即在庭园内敷白砂，缀以石组或适量树木，因无山无水而得名。日本从汉代起就受中国文化深厚的影响。园林尤其受唐宋山水园的影响，因而一直保持着与中国园林相近的自然式风格。

杭州西湖素有"人间天堂"的美誉，三面云山，中涵碧水，绿荫环抱，人文荟萃。西湖有十景，处处风景优美，一步一景，漫步其中，仿佛置身于江南水墨画中，让人心旷神怡。

【拓展知识】规则式与自然式植物景观

任务 2　园林植物景观空间设计

工作任务

根据园林植物景观空间的营造手法，结合杭州太子湾公园植物景观设计现状与周边西湖风景区的环境，分别从园林植物空间的区划、不同类型园林植物景观空间的营造、园林植物景观空间的序列等方面分析其具有代表性的园林植物空间，并对其特色景点的植物空间效果进行详细分析。

知识准备

了解园林植物景观的空间类型及其特点，并掌握各类园林植物空间的营造手法，理解园林植物空间序列在景观中的运用，并运用线上课程视频资源对本任务的相关内容进行学习。

一、园林植物景观的空间类型

园林中以植物为主体，经过艺术布局组成的各种适应园林功能要求的空间环境，称为园林植物空间，它是园林设计的核心。充满技巧性变化的空间能够使园林摆脱平凡无奇的视觉和心理感受。园林植物以其既能改善人类赖以生存的生态环境，又能创造优美的空间环境的作用，而被人们广为接受并逐渐成为造园的主体，所以园林植物空间营造在园林植物景观设计中也必将占据非常重要的地位。

植物根据不同的围合方式所营造出来的植物空间主要分为开敞空间、半开敞空间、封闭空间、覆盖空间、垂直空间（图2.2.1）。

1. 开敞空间

开敞空间主要利用低矮的灌木、地被植物、草坪等植物材料，使人的视线高于四周景物，没有顶界面的限制。在开敞空间中，人的视角为平视，视线不受阻（图2.2.2）。

开敞空间的主要特点：此类空间的公共性较强，适合人们聚集交流。如建筑主楼前可设置大草坪，或低矮地被植物片植，形成场地开阔、视线无阻的环境。该类空间主要用于公共活动，如公园大草坪、河边草坡等。

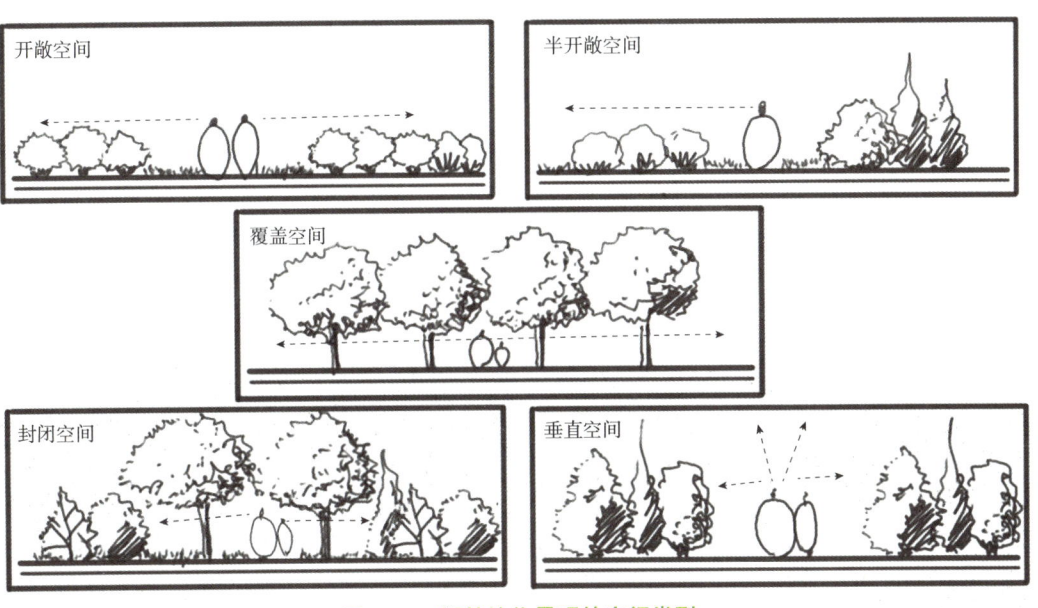

图 2.2.1　园林植物景观的空间类型

2. 半开敞空间

园林中以植物材料为主营造的半开敞空间有两种表现形式，一种是指人的视线被四周植物的枝干等部分遮挡，透过稀疏的树干可到达远处的空间；另一种则是指空间开敞程度小、单方向，常用于一面需要隐密性，而另一面需要景观的环境中，在大型水体旁也很常用。这两种空间在形式上虽不完全相同，但有着共同的特点，即两者都不是完全开敞，也没有完全闭合，身处其中，人的视线时而通透，时而受阻，富于变化（图 2.2.3）。

半开敞空间的主要特点：半开敞空间介于开敞空间和封闭空间之间，与开敞空间相比，半开敞空间视线方向指向性强，障景效果好，给人一定的空间领域感。封闭面植物配置宜采用"乔、灌、地被、草"复层搭配的方式，增加空间的围合感。此类空间在公共绿地中受欢迎程度与使用率都较高。

图 2.2.2　低矮的灌木和地被植物形成开敞空间　　图 2.2.3　半开敞空间

3. 封闭空间

封闭空间是利用乔木、灌木、地被等各种植物材料，对空间的顶界面、垂直界面和底界面进行界定，使视线受阻，营造封闭的植物景观空间（图 2.2.4）。

封闭空间的主要特点：人的视线四周被植物所围合，形成的空间视线较封闭，它无方向性，具有私密性、隔离性。这类空间具有极强的隐蔽性和隔离性，适合人们独处和安静休息的区域。

4. 覆盖空间

覆盖空间一般是指冠大荫浓的大乔木或攀缘植物覆盖的花架、拱门等，构成顶部覆盖、四周开敞的下部活动空间。常选用分枝点高的树木，树冠遮阳，人可在树下活动，水平向的开敞使人视野开阔（图 2.2.5）。

覆盖空间的主要特点：这类空间比较凉爽，视线通透，下部只有树干，活动空间较大，遮阴效果好；多用于林荫道、花架等的绿化。

图 2.2.4　封闭空间

图 2.2.5　覆盖空间

5. 垂直空间

利用植物封闭两侧垂直面，放开上部顶平面，具有"夹景"效果的空间即为垂直空间。该类空间的遮蔽性较强，引导性也强，加深了植物的空间感，营造了一种庄严、肃穆的景观氛围。

垂直空间的主要特点：空间由底界面和竖向分隔面构成，植物冠幅较窄，主要利用椭圆形、圆锥形、圆柱形的植物自身或与灌木结合，在竖向分隔面上封闭视线，形成竖向上的方向感，将人的视线导向空中。一般使用分支点较低、树冠紧凑的中、小乔木形成树阵，或由修剪整齐的高篱围合。垂直空间多用于公路、河流两岸、陵园绿化等（图 2.2.6）。

图 2.2.6　垂直空间

园林植物与建筑、水体、地形及其他造园元素一起构成了园林植物景观的空间载体。与园林中其他的空间相比，垂直空间具有空间形态多样、空间尺度变化幅度大和具有时间维度等方面的特征。植物作为户外空间的主要介质，发挥着重要的作用，它和建筑空间中的地面、墙体、天花板一样是空间营造的元素之一，在植物空间的设计中应当先确定植物的建造性，而后再去针对具体实际情况选择特定的植物。

二、园林植物景观的空间设计

1. 园林植物景观的空间控制

一般来说，园林植物景观空间可由地平面、垂直分割面、覆盖面三部分单独或共同组成，形成具有实在或暗示性的范围围合。通过时间维度的加持，使空间形成一种动态的、富有生命力的景观。因此，在园林植物景观设计中，具体植物空间的营造可以概括为空间地平面控制、垂直分割面设计、覆盖面设计。

（1）空间地平面控制。地平面是形成园林植物空间的基础，形成了最基本的空间范围。地平面上不同高度、不同种类的植物都可用来暗示空间，如草坪和地被之间的交界线可以对空间起到分割、暗示的作用。这种由树林或树丛，花木边缘上树冠垂直投影于地面的连接线（太阳垂直照射时，地上影子的边缘线）叫作林缘线。它是植物配置在平面构图上的反映，是植物空间划分的重要手段，空间的大小、景深、透视线的开辟、气氛的形成等大都依靠林缘线设计。林缘线是树冠垂直投影在平面上的线，往往是闭合的，自然式组团的林缘线应做到曲折流畅（图2.2.7）。

在林缘线设计中，要注意收合关系。林缘线流畅平滑、有进有退，形成大小不一的空间变化、忽远忽近的景深，透视线的开辟、气氛的形成等都依靠林缘线设计。林缘线更多在平面布局图中应用，是植物空间划分的重要手段。

（2）垂直分割面设计。垂直分隔面是由具有一定高度的植物构成的一个面，是园林植物构成空间的最重要表现。垂直分隔面形成了明确的空间范围和强烈的空间围合感。首先，树干如同直立于外部空间中的支柱，多以暗示的方式来表现垂直分隔面。其次，叶丛的疏密和分枝的高度影响着空间的围合感。阔叶或针叶越浓密、体积越大，其围合感越强烈。而落叶植物的封闭程度随季节的变化而不同，夏季较封闭，冬季较开敞。落叶植物是靠枝条暗示空间范围，而常绿植物在竖向分隔面上能形成周年稳定的空间封闭效果。

在植物空间的竖向、水平设计时，林冠线的设计也很重要，它能够影响植物景观的立面效果和空间感。水平望去，树冠与天空的交际线叫作林冠线。植物的林冠线打破了建筑群体的单调和呆板感。在设计时，需要注意的是，要注重选用不同树形的植物构成变化强烈的林冠线，如塔形、柱形、球形、垂枝形等；利用不同高度的植物也可以构成变化适中的林冠线；利用地形高差变化，布置不同的植物，获得高低不同的林冠线。需要特别强调的是，良好的林冠线应注意与地形的结合，同时也要注意植物质感上的变化（图2.2.8）。

图 2.2.7　林缘线

图 2.2.8　林冠线

（3）覆盖面设计。大、中型树冠相互连接，构成了园林植物的覆盖空间。植物空间的覆盖面通常由分支点高度在人类身体高度以上的枝叶形成，这限制了人类看向天空的视线。覆盖面的特征和树叶密度、分支点高度和种植方式有着不可分割的关系。夏天郁郁葱葱的树叶形成的树荫遮天蔽日，带来的封闭感最为强烈，冬天落叶植物仅以树枝覆盖，人向上看的时候视线通透，封闭感则较弱。

大型乔木是形成覆盖空间的好材料，这种植物分枝点较高，树冠一般较大，具有很好的遮阴效果，无论是孤植或群植，均可以为人们提供更大的活动空间和遮阴休息区，这种植物空间的营造是现代景观设计的主要任务（图 2.2.9）。此外，藤本或攀缘植物将花架、拱门作为攀附的载体，也可以有效构成覆盖空间。

图 2.2.9　覆盖面设计

2. 园林植物景观的空间序列组织

空间序列是指按一定的流线组织空间的起、承、开、合等转折变化。植物已经具备了类似建筑通道、门、墙、窗一样的功能，自然也可以创造出室外的空间序列。如植物出现在道路尽端，可以引导空间改变走向，路边植物区域的大小可以改变空间的收放关系与节奏（图 2.2.10），我们常说的曲径通幽、柳暗花明、山回路转都是空间序列给人带来的感受变化。园林景观上应服从这一序列变化，突出变化中的协调美。

在组织园林植物景观空间的序列变化时，景观的主配景不仅要满足形式、功能、艺术上的需要，而且要考虑随时间变迁而产生的视线变化，形成景观视线序列。处理园林植物景观空间序列的主要手法有植物空间的对比与变化、植物空间的分隔和引导、植物空间的渗透和流通。

【拓展知识】植物景观空间的"时间"特性

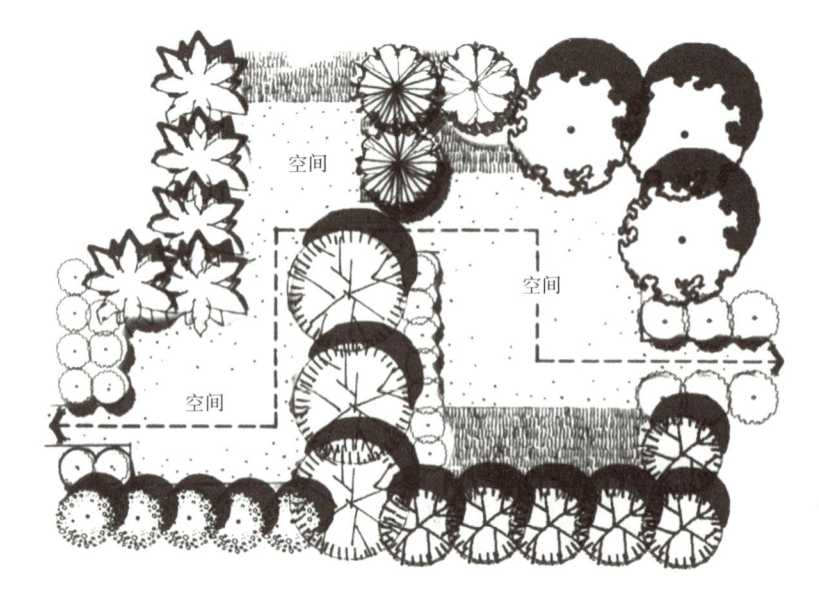

图 2.2.10　园林植物景观空间序列

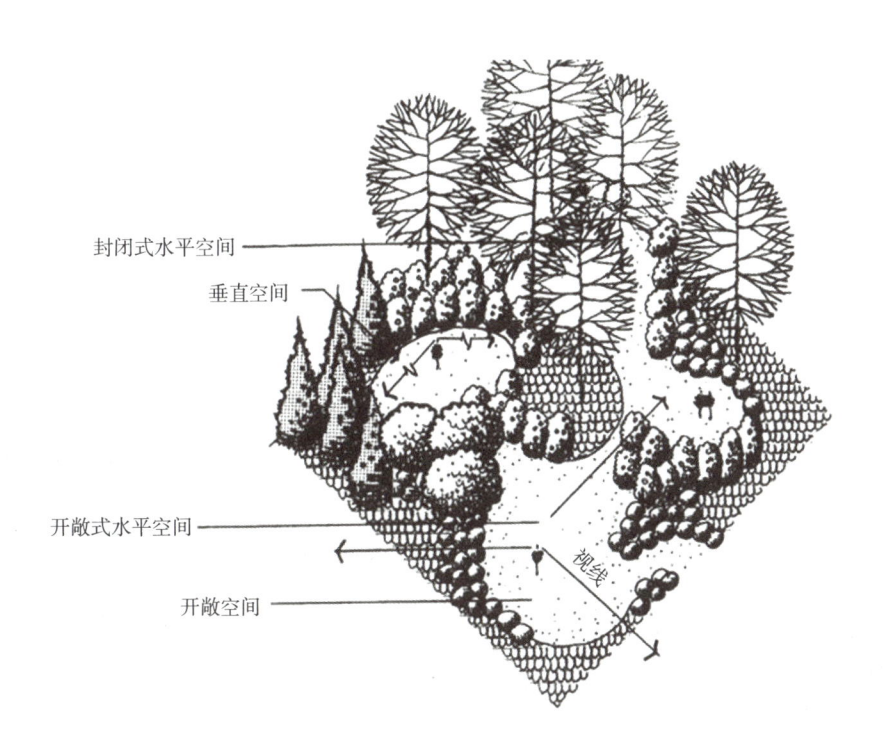

项目 2　园林植物景观设计方法分析与图纸表达

图 2.2.10　园林植物景观空间序列（续）

（1）园林植物景观空间的对比与变化。在园林植物景观的空间结构中，主要是自然形态的树和花灌木，使得空间形式更加自由和富于变化，增加了景观的不确定性和流动性。如"柳暗花明又一村"形象地描述了园林中通过空间的开合收放、明暗虚实等的对比，产生多变而感人的艺术效果，空间因此而富有吸引力。曲折蜿蜒的河道时窄时宽，两岸种植冠大荫浓的乔木，使整个河道空间时收时放，景观效果由于空间的开合对比而显得更为强烈。园林植物亦能形成空间明暗的对比，如林木森森的空间显得暗，而一片开阔的草坪或花坛则显得明，两者产生强烈的对比，使各自的空间特征得到了加强。园林植物构成的空间虚实对比则是在于通过各种植物的艺术搭配营造出或开敞或封闭的灵活多变的空间环境（图 2.2.11）。

图 2.2.11　园林植物景观空间开合的对比

（2）园林植物景观空间的分隔和引导。在园林中，常利用植物材料来分隔和引导空间。在现代自然式园林中，利用植物分隔空间可不受任何几何图形的约束。若干个大小不同的空间可通过成丛、成片的乔灌木相互隔离，使空间层次深邃，意味无穷。在规则式园林中则常用植物按几何图形划分空间，使空间显得整洁明朗，井井有条。其中绿篱在分隔空间中的应用最为广泛，不同形式、高度的绿篱可以达到多样的空间分隔效果。不同植物空间的组合与穿插，同样需要不同的指引手段，给人的心理以暗示。利用更具造型的植物来强调节点与空间，可达到引导和暗示的作用（图 2.2.12）。

（3）园林植物景观空间的渗透和流通。园林植物通过树干、枝叶形成一种界面，限定一个空间，通过在界面的不同处疏密结合，添入透景效果，人走在其中，便会产生兴奋与愉悦的感觉。相邻空间之间呈半敞半合、半掩半映的状态，以及空间的连续和流通等，使空间的整体富有层次感和深度感。一般来说，植物布局应讲究疏密错落有致，在有景可借的地方，树应栽的稀疏，树冠要高于或低于视线以保持透视线，使空间景观能够互相渗透。总体来说，园林植物以其柔和的线条和多变的造型，往往比其他的造园要素更加灵活，具有高度的可塑性，一丛竹，半树柳，夹径芳林，往往就能够造就空间之间含蓄而灵活多变的互相掩映与穿插、流通（图2.2.13）。

图 2.2.12　园林植物景观空间分割和引导　　图 2.2.13　园林植物景观空间渗透和流通

任务实施

识读设计方案，分析园林植物景观空间类型及其效果

（1）太子湾公园概况。作为西湖景区颇具代表性和具有知名度的公园，太子湾公园由高级工程师刘延捷女士设计完成。公园规划面积为80万 m²，位于西湖西南隅，犹如一把太师椅的椅座，紧紧背靠着九曜山与南屏山，东边是肃穆宁静的寺观墓道，西面是借景入园的南高峰，北面又被一长列高大葱郁的水杉林包裹，与城隔绝，自成天地，显得格外安静和野朴。植物配置采用樱花成丛、草坪成片、宿根花卉自由散植的形式，建筑采用拙朴雅逸的木桥、木屋等设施，让太子湾公园与南屏山、九曜山等周边环境相呼应，形成一处集山情野趣与田园风韵于一体的文化游憩山水园（图2.2.14）。

（2）植物空间类型及特色分析。太子湾公园利用地形、水系和植物来划分园林空间，空间类型丰富。尤其是利用植物的不同组合，形成虚实、疏密、曲折、起伏的林缘线和林冠线，营造多样的园林空间，既有开阔的草坪空间，又有封闭的山林空间。总体而言，太子湾公园的园林植物景观设计具有主题突出、单纯简洁、章法上去细碎、讲艺术、重整体、着创意的特点。创造树成群、花成片、草成坪、林成荫的群体效果和壮阔深远、疏朗的独特景观。

1）开敞空间——望山坪。望山坪大草坪虽然其四周有植物限定，但是因其空阔疏远，开敞草坪空间约6 200 m²内无任何其他植物，完全暴露于天空和阳光之下，故可作为开敞空间。它是全园接纳游人最多的地方，游人喜欢坐在草坪上晒太阳、聊天，充分享受阳光。该地域周边植物以樱花为主，或丛植，或片植，或沿边缘的园路种植，形成疏中有密、凹凸有致的樱花林林缘线，营造出远望如雪海的樱花景观。结合其南高北低的地势，南部局部起伏、堆丘，北面大部分草坪区域平坦，总体来说这个地域开阔、疏远（图 2.2.15）。

图 2.2.14　太子湾公园平面图

2）半开敞空间——逍遥坡。逍遥坡草坪面积为 7 748 m²，开敞空间面积为 4 100 m²，覆盖空间面积为 1 600 m²，长宽近相等。逍遥坡地势由南向北玉鹭池逐渐降低，南北分别以樱花和无患子暗示边界，互成对景，无论是穿行其间还是透过草坪远观，都十分震撼。南面片植的日本樱花，以高大乔木林为背景，在碧绿草坪的衬托下，更显樱花的淡雅与浪漫。北面是自由散植的无患子疏林，单一树种的群植形成了壮阔统一的景观（图 2.2.16）。

图 2.2.15　太子湾公园望山坪 　　　　　图 2.2.16　太子湾公园逍遥坡

3）覆盖空间——逍遥坡与玉鹭池边无患子群。无患子沿逍遥坡与玉鹭池边的园路每 3～6 株不等地组合串成有机的整体，每组间距为 5～10 m，无患子一侧临逍遥坡草坪，一侧临宁静的玉鹭池，树下不仅视野开阔通透，伞形树冠也获得较大的生长空间，伞形树冠合为一体，提供了遮阴场所。缓坡起伏的草坪也为形成该组颇具气势的植物景观创造了适宜的观赏环境。到了秋季，金黄的秋叶与冷季型草坪搭配，色彩协调（图 2.2.17）。

4）封闭空间——琵琶洲。琵琶洲四周由蜿蜒曲折的水系环绕，洲上地形高处、脊处种植体型巨大、树姿优美、树冠浓密的乐昌含笑作为上层树种，地形低处、凹处种植二乔玉兰、紫玉兰、鸡爪槭等中小型植物，形成郁闭的林带。利用地形的高低种植植物，使得高处更高，低处更低，加强了琵琶洲的山林密闭效果，是东部与西部区域的一个隔离、过渡空间（图 2.2.18）。

图 2.2.17　太子湾公园逍遥坡与玉鹭池边无患子群

图 2.2.18　太子湾公园琵琶洲

5）垂直空间——琵琶洲南隅。琵琶洲南部一隅空间中心低处为河湾，四周为缓坡入水的地形，地形逐渐高起之后再疏密有致地种植植物。其起起伏伏的地形、曲曲折折的河湾，四周或自由散漫或层次分明的植物景观，给人以如诗如画的感觉。其为保证低洼处的通透，几乎没有种植任何植物，均采用草坡入水的形式，这种呈向心性的空间自成一片天地，使游人有心理上的安全感（图 2.2.19）。

（3）园林植物景观空间组织分析。园林植物景观空间组织时不仅强调其形成的空间感，还注重"内向"的围合空间与外向的开放空间对比。杭州太子湾公园在进行植物景观空间的组织营造时，根据周围环境的不同区别设计，对于外部景观较好的面，以外向布局为主；对于需要隔离的面，以内向布局为主，保证私密性和围合感（图 2.2.20）。

图 2.2.19　太子湾公园琵琶洲南隅

园林植物景观在空间组织时要达到疏密有致，最常见的手法就是要留出空间。空，即是无，在许多场合下，无是可以胜过有的。太子湾公园园林植物景观空间的营造也遵循疏密有致的原则。园林植物景观空间的布局交织穿插，张弛有度，处在这样的环境中，能使人心情自然恬静而松弛。将密林与草坪相互穿插，使两者相结合，让人们能够随着疏密关系的改变而相应地产生弛和张的节奏感（图 2.2.21）。

项目 2　园林植物景观设计方法分析与图纸表达

图 2.2.20　太子湾公园的植物景观空间的开与合

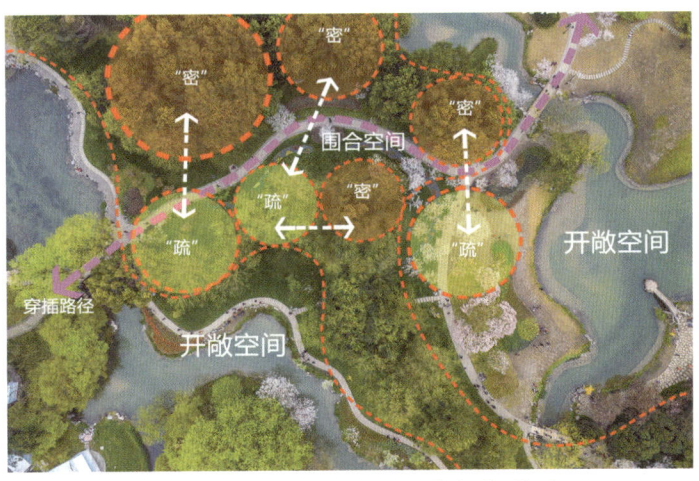

图 2.2.21　太子湾公园琵琶洲空间序列组织

　　太子湾公园的植物景观空间序列的营造也遵循露则浅而藏则深的原则。公园内为求得意境深远，采用欲显而隐或欲露而藏的手法。所谓"藏"，就是遮挡，公园内一是采用高大乔木的树干进行正面的遮挡，树干若隐若现地将远处的风景呈现在眼前，达到"犹抱琵琶半遮面"的景观效果（图 2.2.22）；二是通过空间对比来达到"藏"的效果，一般都是从密林下穿过，进入一个空间，让人感觉豁然开朗，如图 2.2.21 中所分析的，通过道路将疏密空间穿插在整个公园的游览过程之中。

图 2.2.22　太子湾公园的植物景观空间中的"藏"与"露"

拓展训练

一、知识测试

（一）填空题

1. 园林植物景观的空间一般可分为_____、_____、_____、_____、_____、_____。
2. _____空间常用于安静的冥想区域。
3. _____空间主要由竖向生长的植物营造。

（二）单选题

1. 以下空间类型中，视线最受限制的是（　　）。
   A. 开敞空间　　　　B. 半开敞空间　　　　C. 封闭空间　　　　D. 垂直空间
2. 覆盖空间的顶部覆盖率通常在（　　）。
   A. 30%以下　　　　B. 30%～50%　　　　C. 50%以上　　　　D. 70%以上
3. 林荫大道属于（　　）空间类型。
   A. 垂直　　　　　　B. 封闭　　　　　　　C. 覆盖　　　　　　D. 开敞
4. 空间高度感强，多由圆柱形树木围合而成的空间类型是（　　）。
   A. 半开敞空间　　　B. 垂直空间　　　　　C. 覆盖空间　　　　D. 闭合空间

（三）多选题

1. 园林植物景观的空间类型会受到（　　）因素影响。
   A. 植物高度　　　　B. 植物密度　　　　　C. 植物种类　　　　D. 地形地貌
   E. 气候条件
2. 垂直空间的植物可以起到（　　）作用。
   A. 划分空间　　　　　　　　　　　　　　B. 提供遮阴
   C. 增加氧气含量　　　　　　　　　　　　D. 吸引鸟类
   E. 美化环境
3. 园林植物景观的空间类型对于景观设计的重要性体现在（　　）方面。
   A. 满足不同功能需求　　　　　　　　　　B. 创造多样的空间感受
   C. 丰富景观层次　　　　　　　　　　　　D. 提高生态效益
   E. 降低建设成本
4. 封闭空间的特点是（　　）。
   A. 四周被茂密的植物包围　　　　　　　　B. 具有较强的安全感
   C. 常用于安静的冥想区域　　　　　　　　D. 视线完全被阻挡
   E. 空间开阔大气
5. 林缘线的曲折，可以增加空间的（　　）与（　　）
   A. 层次　　　　　　B. 水平感　　　　　　C. 景深　　　　　　D. 垂直感
   E. 参与感

二、技能训练

通过以下训练，了解园林植物景观空间的分类和应用、空间设计与组织方法。

1. 任意选取所在城市的一处植物造景场景，分析其空间组织方法（采取小组讨论或教师引导的方式）。

2. 选取所在城市中某一处园林绿地（居住区绿地、道路绿地、公园等），阐述其中包含的各种园林植物景观空间类型（尽量以手绘的方式表达），制作PPT并汇报。

作品赏析

本任务选取国外的两个经典公园进行赏析，分别是荷兰库肯霍夫公园和英国邱园。两个公园各有特色，尤其是植物景观，在植物配置和空间上尽显植物的美感与设计的艺术。

任务3　园林植物景观设计程序与图纸内容

工作任务

以华东地区某售楼展示区景观项目为例，阐述园林植物景观设计程序，以及各程序中的图纸内容与要求。

知识准备

园林植物景观设计是园林项目中的一项重要内容，贯穿项目始终，也是职业中的一项典型工作岗位。

一、园林植物景观设计程序

园林植物景观设计既是一门艺术，又是一门实践性极强的应用技术。园林植物景观设计中存在一些基本的设计程序，它们可以用来减少园林植物景观设计工作的随意性和不确定性，增加设计结果的可判定性。同时，还可一定程度地增加设计工作的系统性、有序性，并提高工作效率，提高系统质量保障能力。进行一个项目的园林植物景观设计时，必须按照合理的程序来进行。在实际工作中，完整的园林植物景观设计基本程序包括方案阶段、施工图阶段和后期配合三个环节（图2.3.1）。

1. 方案和施工图阶段

由于项目要求、面积、工期等因素不一，现实中植物景观设计程序会稍有差异，但总体而言，在方案阶段和施工图阶段，具体的种植设计工作流程包括前期准备、手稿构思和上机作图。

（1）前期准备工作包含以下内容。

1）获取项目信息，通过与委托方（甲方）交流，充分了解委托方对植物景观的具体要求，如期望效果、造价、希望用到的植物、设计期限等内容。

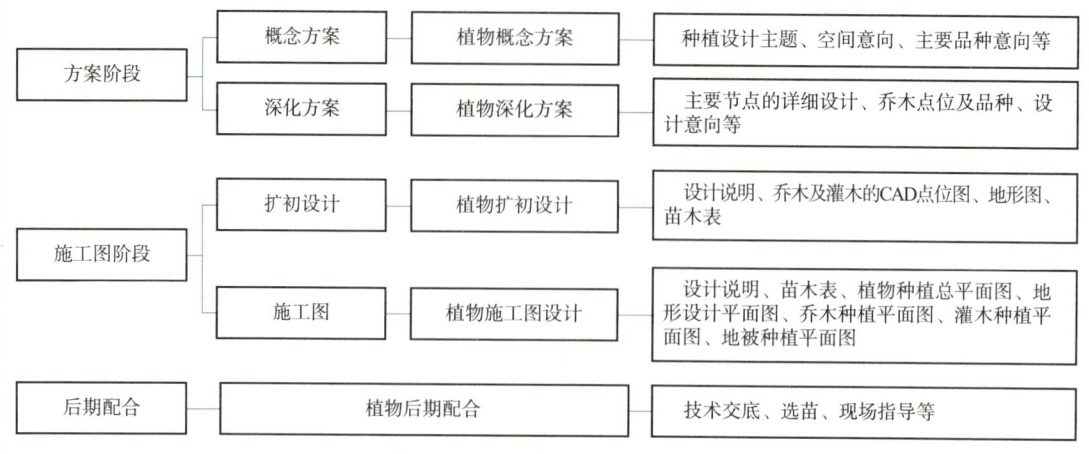

方案阶段	概念方案	植物概念方案	种植设计主题、空间意向、主要品种意向等
	深化方案	植物深化方案	主要节点的详细设计、乔木点位及品种、设计意向等
施工图阶段	扩初设计	植物扩初设计	设计说明、乔木及灌木的CAD点位图、地形图、苗木表
	施工图	植物施工图设计	设计说明、苗木表、植物种植总平面图、地形设计平面图、乔木种植平面图、灌木种植平面图、地被种植平面图
后期配合		植物后期配合	技术交底、选苗、现场指导等

图 2.3.1　植物景观设计流程图

2）熟悉项目方案的文本，包括风格定位、设计意图、设计效果、设计平面、竖向标高、硬质景观形式尺度，以及方案主创对植物的空间想法等。熟悉项目基础条件，如地下车库及覆土问题、荷载问题、消防车道及登高场地、地下综合管网。

3）获取基地的其他信息。基地的信息主要包括自然状况：地形、地质、水文、气象方面的资料；植物状况：项目基地的乡土植物种类、群落组成及引入种植的植物情况；历史人文资料调查：当地的风俗习惯、历史传说故事、居民人口、民族构成等。

4）现场踏勘。对现有资料进行核对和补充，对设计的可行性进行评估，就实地环境条件对植物景观的大致轮廓和构成形式进行艺术构思。

5）现状分析。分析现场与周围环境的关系、周围的用地状况与特点、建筑的年代、样式及高度、现有植物的生长状况，标出主要的建筑物位置与交通状况，分析现场小气候、光照分析、风力分析、视觉质量分析等。

（2）手稿构思。园林植物景观设计需从整体到局部，在总体控制下，由大到小、由粗到细，逐步深入，从平面到立面，确定主要功能定位、景观类型、种植方式、种植位置、植物种类与规格。这也就是植物景观方案阶段中的概念方案到深化方案。

1）确定植物品种。根据前期准备资料分析，确定项目所使用的苗木品种，并列出清单，通常在 Excel 表中进行。

2）整体设计。确定项目种植设计的主题、风格、定位，即立意的过程，寻找意向图辅佐设计。主题可以为活泼愉快，或庄严肃穆，或宁静伤感。种植的形式和风格，可以为自然式、规则式或自由式，植物空间立意应根据特殊环境形成相应主题。

3）手绘空间。结合项目方案的功能分区进行园林植物景观设计的空间构思、手绘空间布局、大树及乔木点位，局部手绘一些主要节点的平面图和立面图。

（3）上机作图工作步骤如下。

1）打印 CAD 总平面图（或 iPad、Surface 等电子产品上的手绘），细化地形设计，手绘出平面草灌分界线（或地被外围线）、主景树点位、乔木点位、灌木点位、地被平面。

2）整理所用的植物品种规格，列出 Excel 表格，整理 CAD 植物图例。

3）上机绘制地形线、草灌分界线（或地被外围线）、主景树点位、乔木点位、灌木点位、地被平面图，注意分图层。

4）上机分别进行乔木标注、灌木标注、地被标注，注意分图层。

5）统计各植物品种数量，做出苗木表，布局正式出图。

2. 后期配合

园林植物景观设计后期配合的目的是保证项目方案的落地性，把控植物呈现的景观是否达到理想的效果，在整个设计程序中是尤为关键的一步。工作的主要内容为技术交底、选苗、现场指导等。

（1）技术交底工作包含以下内容。

1）重要景观节点的植物品种选择、位置、形态、色彩的要求，植物主题。

2）整体植物景观效果示意，包括植物层次、植物空间感受、疏密、常绿和落叶配比。

3）植物与景观元素的关系，包括植物与地形、构筑物、小品、铺装等元素，以及整体竖向与环境周围的植物关系。

4）施工时注意事项说明（包括地下管线、地形堆坡、排水问题、乔木的进场树形保护、乔木种植、乔灌木现场搭配、地被种植、草坪的铺设）。

（2）选苗。苗木树形质量是保证景观效果及品质感的基础条件，而确保苗木质量要从设计苗木选型开始。在众多苗木中，大树或点景树、乔木、大灌木这几类植物是选型的重点。一般来说，在乔木选型过程中，需要通过高度、冠幅、胸径、分枝点、枝条饱满度五个方面确定形态好坏，灌木的选型一般从地径（无主干品种的情况除外）、高度、冠幅、分支四个方面考虑，地被的选型从冠幅、高度、种植密度、盆苗或袋苗四个方面考虑。

（3）现场指导。现场指导主要对地形、空间效果和主要景观节点效果进行把控和调整。一株植物有它的最佳观赏面，在现场指导时，如果是单面观赏，则需要将植物的最佳观赏面展现给观赏者；如果有多个观赏面，要注意每个面的效果搭配，指导种植时要有全面的认识，规划好每棵树的点位再种，在保证最佳观赏面的同时也要保证其他面的效果。这对植物景观设计人员现场把控经验、专业造诣要求均较高。

二、图纸内容及要求

1. 方案阶段

园林植物景观设计方案阶段从整体到局部，图纸包括总体规划、总平面图、局部详图、立面图、剖面或断面图、效果图等。具体包括以下内容和要求。

（1）总体规划。总体规划的目的是表示植物分区和布局的大体状况，一般不需要明确标注每一株植物的规格和具体种植点的位置，只需要绘制出植物组团的轮廓线，并利用图例或符号区分出常绿针叶植物、阔叶植物、花卉、草坪、地被等植物类型（图2.3.2）。

（2）总平面图。总平面图表现植物的种植位置、规格、数量、类型等。

（3）局部详图。局部详图绘制主要景观节点的平面图、立面图和效果图。

（4）立面图、剖面或断面图。立面图、剖面或断面图是植物的正立面投影或侧立面投影，用来表现植物之间的水平距离和垂直高度（图2.3.3）。用一垂直的平面对整个植物景观或某一局部进行剖切，并将观察者和这一平面之间的部分去掉，如果绘制剖面、切面、断面及剩余部分的投影则称为剖面图；如果仅绘制剖面、切面、断面的投影则称为断面图。表现植物景观的相对位置、垂直高度，以及植物与地形等其他构景要素的组合情况。

（5）效果图。效果图有一点透视、两点透视、三点透视，表现植物景观的立体观赏效果，分为总体鸟瞰图和局部透视效果图。

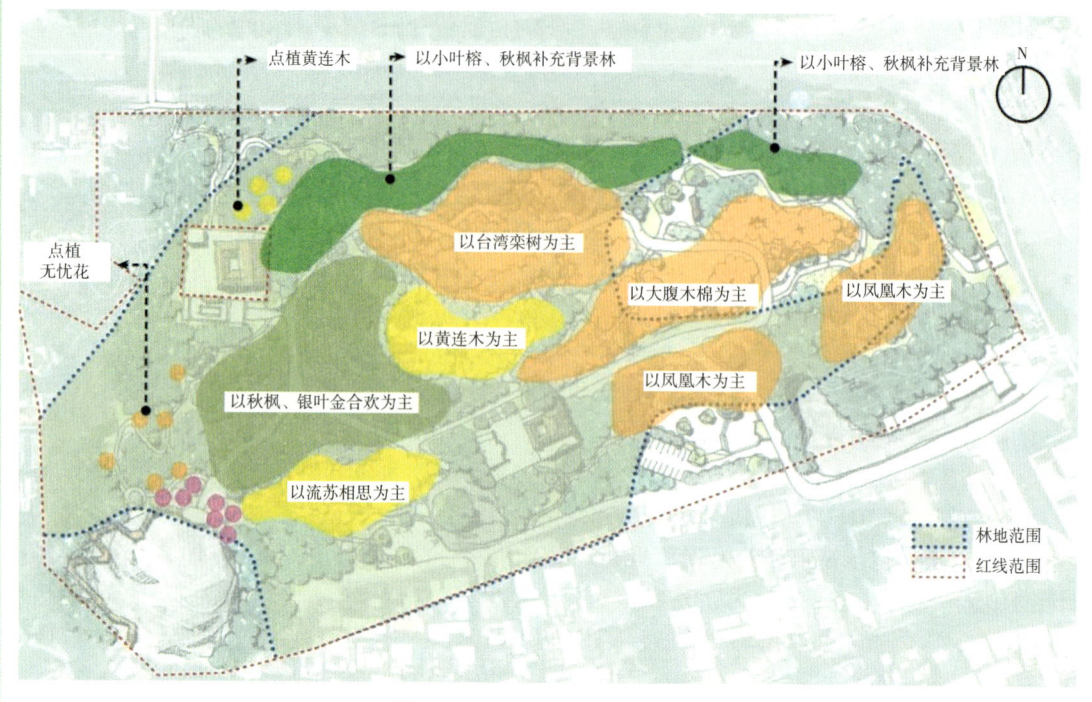

图 2.3.2　植物种植总体规划图

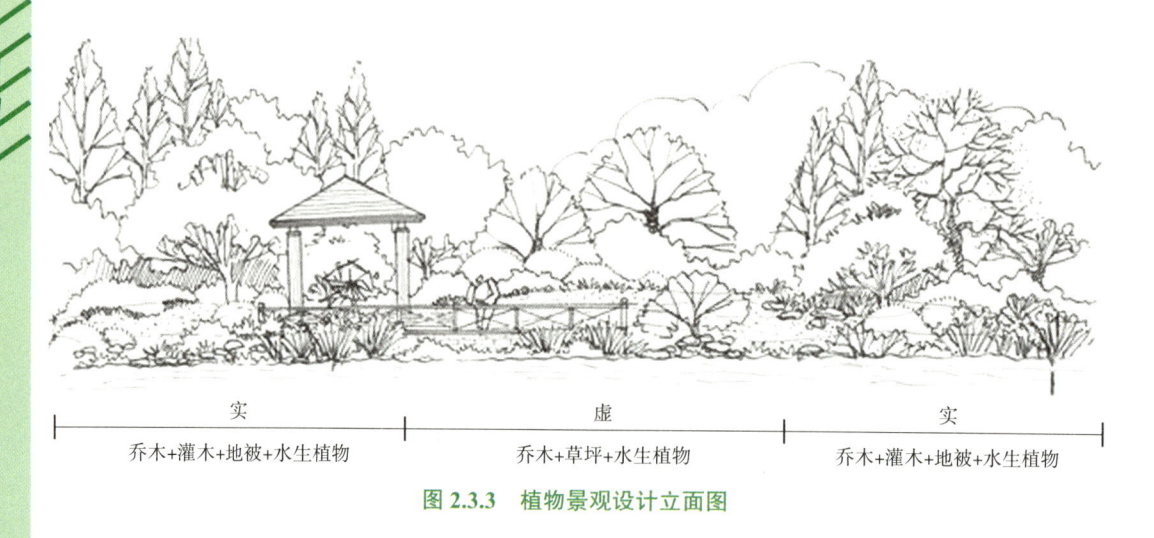

图 2.3.3　植物景观设计立面图

2. 施工图阶段

施工图要准确表达植物的种植位置、植物搭配方式、苗木种类、苗木数量、苗木单位、苗木规格、苗木支护方式、施工要点。植物种植施工图阶段全套图纸的基本内容包括图纸封面、图纸目录、施工图设计说明、苗木表、种植分区索引图、种植总平面图、各分区种植图（含分区平面索引图、乔木种植图、灌木种植图、地被种植图）、设计详图（局部放大详图、花境设计图等）。

在实践中，也有方案阶段直接到施工图设计阶段的项目，此类项目植物深化仍需根据前提条件推敲，将初步设计的工作包含到施工图设计中。施工图阶段，图纸应达到以下要求：图面整齐；标注规范；空间布局合理；植物搭配恰当；植物选择适宜。

植物种植施工图制图常用规范如下。

（1）统一使用 CAD+ 天正，不得使用教育版及其文件，统一在模型空间作图、图纸空间布图，保存格式为 CAD2004。

（2）如无特殊规定，按天正自动生成的符号为标准，底图（带指北针、地形、标高、种植区标有 PA）建议统一使用外部参照制图，图例统一使用各个区域整理的标准图例表制图。

（3）平面图和立面图常用比例为 1∶50、1∶100、1∶150、1∶200、1∶300，除植物配置总平面外，其他图不小于 1∶300，尽量多使用 1∶200 比例作图，特殊情况下也可使用 1∶500。局部放大图常用比例为 1∶50、1∶100。

（4）标注样式：在模型空间绘图及标注，在图纸空间布图及打印。

（5）图纸编号：按前述图纸内容顺序进行图纸编号。

任务实施

1. 前期准备

（1）熟悉项目信息。项目所在地徐州为历史悠久的古城，城市文化丰富多彩，如两汉文化、山水文化、运河文化。因其拥有大量文化遗产、名胜古迹和深厚的历史底蕴，也被称作东方雅典。项目要求在该地的园林植物景观设计过程中，考虑时代特色，营造城市风景线。

（2）了解场地条件、交通状况、建筑物风格，熟悉甲方设计要求。

（3）熟悉项目方案文本。根据以上资料分析，确定设计目标为线性之景，体现运河线型，展示城市风景线；场地之景，根据基地地形借势还势，延续场地精神；文化之景，体现古典特色与现代审美的结合，做到古城新韵，达到文脉延续的效果。

（4）植物设计策略如图 2.3.4 所示。

1. 适地适树–OPTIMAL

强调乡土树种为绿化骨架和主体树，体现原生态地域特色；植物多样性和能够适应本地生长条件的植物，既有利于保证树木良好的生长态势，又能减少树木养护成本。

2. 生态原则–ECOLOGICAL

根据植物习性和自然界植物群落形成的规律，为植物正常生长创造适合的生态条件，使植物本身的生长习性与栽植地的生态系统统一。

3. 美学原则–AESTHETIC

随着季节的变化，植物的色彩、芳香、姿态、风韵等也不同。利用植物的季相变化及不同的质感与美感，达到审美的艺术配置，"源于自然而又高于自然"。

4. 人文原则–HUMANITIES

以人为本，根据人们不同行为、心理需求，通过植物花、叶、果、姿等丰富的观赏性在视觉、听觉、触觉、嗅觉上给人带来不同的感官体验。

图 2.3.4　植物设计策略

1）植物设计原则。

2）主要植物品种。综合前期资料分析和设计目标，结合华东地区地域特色，确定本项目所选的主要植物品种如图 2.3.5 所示。

碧桃	垂丝海棠	紫玉兰	红枫	红梅
金桂	蜡梅	卫矛	山麻杆	结香
八仙花	大花六道木	红王子锦带	苏铁	花叶栀子
柑橘	紫荆	南天竹	无刺构骨球	狭叶十大功劳
海桐	红花檵木	金边黄杨	美丽月见草	丛生福禄考
菲白竹	金边阔叶麦冬	橘红苔草	苔草	细叶麦冬

图 2.3.5　主要苗木品种选择

3）总体布局如图 2.3.6 所示。

图 2.3.6　总平面图

4）详图设计。主入口效果图如图 2.3.7 所示。

图 2.3.7　主入口效果图

2. 施工图阶段

（1）施工图图纸目录。对所有绘制的图纸进行图号排序，列出图纸名称和图纸规格（图2.3.8）。

（2）施工图设计说明。施工图设计说明主要包括施工的依据，施工组织与实施，具体施工要求及注意事项及其他相关技术要求等，特别应当重点解释苗木种植注意事项（图2.3.9）。

（3）苗木表（图2.3.10）。

（4）植物种植图。

1）种植总平面图（图2.3.11）。
2）地形设计图（图2.3.12）。
3）乔木种植平面图（图2.3.13）。
4）灌木种植平面图（图2.3.14）。
5）地被种植平面图（图2.3.15）。

拓展训练

一、知识测试

（一）填空题

1. 园林植物景观设计程序中，前期调研主要包括对场地_____、周边环境、_____等方面的调查。
2. 方案设计阶段需确定植物景观的_____和_____。
3. 完整的园林植物景观设计的基本程序包括_____、_____、_____三个环节。
4. 若一园林绿地面积较大，一张总平面图无法按照比例表现植物种植总平面图，需要_____表达。

（二）单选题

1. 园林植物景观设计程序的第一步是（   ）。
　　A. 前期调研　　　　B. 方案设计　　　　C. 初步设计　　　　D. 施工图设计
2. 园林植物景观设计前期调研不包括（   ）。
　　A. 场地现状　　　　B. 周边环境　　　　C. 植物价格　　　　D. 气候条件
3. 初步设计图纸中不包括（   ）。
　　A. 总平面图　　　　B. 种植设计图　　　C. 局部效果图　　　D. 竣工图
4. 在园林植物景观设计中，用于表达植物高度变化的图纸是（   ）。
　　A. 种植平面图　　　B. 效果图　　　　　C. 光照分析图　　　D. 立面图

（三）多选题

1. 前期调研的内容包括（   ）。
　　A. 场地现状　　　　B. 周边环境　　　　C. 气候条件　　　　D. 土壤状况
　　E. 人文历史

2. 初步设计阶段的成果包括（　　）。
   A. 初步设计说明　　　　B. 总平面图　　　　　C. 种植设计图　　　　D. 局部效果图
   E. 造价估算
3. 园林植物景观设计中，种植平面图可以表达（　　）。
   A. 植物种植位置　　　　B. 植物种类　　　　　C. 种植范围　　　　　D. 植物数量
   E. 植物规格
4. 在园林植物景观设计程序中，（　　）阶段需要进行植物选择。
   A. 方案设计　　　　　　B. 初步设计　　　　　C. 施工图设计　　　　D. 竣工验收
5. 园林植物景观设计中，竣工验收的标准包括（　　）方面。
   A. 植物成活率　　　　　B. 工程质量　　　　　C. 景观效果　　　　　D. 施工进度
   E. 安全文明施工

二、技能训练

通过以下训练，了解园林植物景观设计的具体过程和图纸特点。

1. 教师提供一套完整的园林植物景观设计图纸，分析其中的特点和设计要求（采取小组讨论或教师引导的方式）。
2. 选取植物景观设计图一张（植物种植施工平面图、植物种植施工详图、植物种植剖面图），运用 CAD 软件进行临摹绘制。

作品赏析

在园林植物景观设计的专业领域中，植物种植施工图作为将设计理念转化为实际景观的关键工具，具有至关重要的地位。本节所介绍的某项目植物种植施工图图纸案例，主要包括目录、种植设计说明、苗木表、植物种植总平面图、微地形图、乔木种植平面图、灌木种植平面图、地被种植平面图等内容，并对各种植物的种类、数量、种植位置、规格进行了详尽的标注，体现了设计团队的卓越技艺与创新思维。

某项目植物种植施工图图纸案例

项目3　园林植物景观设计案例分析

📁 项目描述

某园林企业植物景观设计组接到一项目（道路/庭园/滨水绿地/乡村/花境）的植物景观设计工作，要求配合方案组完成从植物景观方案设计到施工图阶段的工作。该项目对植物景观的要求如下：植物景观具有一定的主题或特色；植物景观能够结合绿地类型特征，满足功能需求；植物空间合理，景观多样；植物种类能够体现地域特色；植物施工图详尽，确保设计方案的精确性和可实施性。如果你是植物景观设计师，请你组织完成该项目的园林植物景观设计工作。

💬 项目分析

在实际的工作岗位中，从事一个园林绿地项目的植物景观设计工作，第一是理解，对不同园林绿地类型的深刻理解是基础，这要求设计师能够根据场地的具体条件准确识别并确定绿地类型；第二是调研，通过细致的项目背景调研和现场勘查，深入分析场地的环境特征及功能需求；第三是分析，能够分析绿地植物景观现状，基于这些分析，精心选择适宜的植物种类，并规划合理的植物空间和配置方式，以形成初步的园林植物景观设计方案；第四是发现和解决问题，能够根据分析结果发现问题并提出解决方案；第五是动手操作，设计师将方案逐步细化，直至发展成一套完善的施工图纸，为项目的顺利实施打下坚实基础。

🎯 学习目标

▶ 知识目标

了解园林绿地的类型和特征；熟悉园林绿地植物景观空间的特点；熟悉不同园林绿地常用的植物种类；熟悉园林绿地植物景观的图纸设计内容与要求。

▶ 能力目标

具有对绿地植物现状进行调研的能力；具有分析绿地植物景观现状的能力；能根据分析结果发现问题并给出解决方案；能完成绿地的植物设计施工图。

▶ 素质目标

具备团队合作思维；具备系统分析思维；具备项目整合思维。

任务 1　道路绿地植物景观设计

工作任务

项目为山东省青岛市西海岸新区疏港一路景观设计。本条道路为进出董家口港区的重要道路，中央分车绿带宽 2.5 m，立交范围内宽 30～50 m，要求营造生态、多彩的景观大道，选择合适的植物种类及配置模式进行道路绿地植物景观设计。

知识准备

一、道路绿地植物景观设计原则

1. 安全性原则

道路绿地植物景观设计首先要保障行车、行人安全，因此需考虑以下三个方面的问题。

（1）满足行车净空要求。为保证各类车辆安全通行，在行车道路的宽度和规定的空间高度范围之内不得栽种植物。

（2）符合行车视线要求。在道路交叉口视距三角形范围内和弯道内侧规定的范围内，种植的植物不能阻碍驾驶员的视线，要求视线通透，保证行车视距；在弯道外侧的植物应沿道路边缘连续种植，体现道路的线型变化，引导驾驶员行车视线；在中央分车带种植的植物，应起到防止相向行驶车辆的灯光照到驾驶员眼睛引起目眩的作用，如果种植绿篱，一般为 1.5～2 m 高，如果种植灌木球，株距应小于等于其冠幅的 5 倍。

（3）考虑行人安全要求。靠近行人一侧的植物选择要求无毒、无臭、无刺、少落果、不易过敏、无飞毛飞絮、不影响人体健康、不妨碍行人通行。

2. 实用性原则

道路绿地植物景观应考虑到对行人、车辆的遮阴作用，以及对临街建筑的防止西晒作用。

3. 生态性原则

道路绿地植物的搭配应符合植物间的生态习性和生物学特性，最大限度地发挥植物的生态功能和对环境的保护作用，对道路绿地内的古树名木进行保护。

4. 因地制宜原则

道路的环境条件较差，植物的选择以乡土植物为主，遵循适地适树、因地制宜原则。同时，考虑到道路绿化养护比较麻烦，应尽量选择粗放管理的树种。

5. 协调性原则

充分考虑道路绿地植物与各项公共设施之间的关系，把握好各种管线铺设的深度及分布位置。另外，还应考虑植物与其他景观元素相协调，以达到整体景观的和谐。

6. 特色性原则

道路绿地植物景观应结合当地历史文化及地域特征，创造地方景观特色，避免千城一面。同一条道路上的绿化应具有统一的景观风格，形成一路一景、一路一树、一路一花等特色景观。

7. 近期与远期相结合原则

道路绿地植物景观从开始建设到形成较好的景观效果往往需要很长的时间，在规划时应近期、远期相结合，近期可以选择速生树种，或缩小种植距离，以形成短期效果，后期再适时更换、移栽。

二、道路绿地断面布置形式

一般城市道路由机动车道、非机动车道和人行道组成，道路绿地断面布置形式依据道路横断面的不同分为一板两带式、两板三带式、三板四带式、四板五带式等。其中，"板"指的是车行道，"带"指的是绿化带。

1. 一板两带式

一板两带式是一条车行道，两条绿化带（图3.1.1）。中间分布车行道，两侧种植行道树，是最常见、最简单的道路绿地形式。这种布置形式适用于路幅窄、车流量不大的道路旁，多见于中小城镇的街道绿化。其特点是用地经济、操作简单、管理方便，当车行道过宽时，行道树的遮阴效果不太理想。

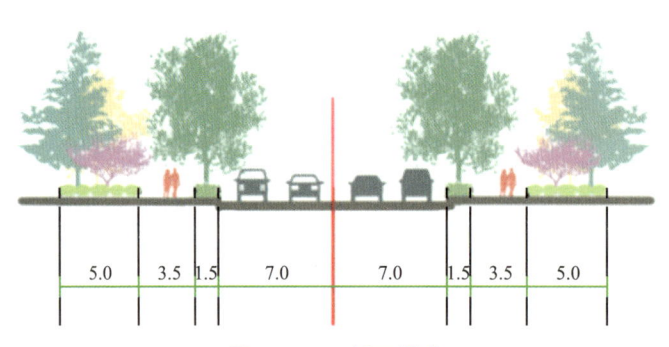

图3.1.1　一板两带式

2. 两板三带式

两板三带式是两条车行道，三条绿化带（图3.1.2）。除在两侧种植行道树外，在车行道中间，分布了一条绿化带用来分割双向行驶的两条车道。这种布置形式适用于宽阔道路，多见于市区干道或城郊高速公路。其特点是绿量较大，生态效益显著。

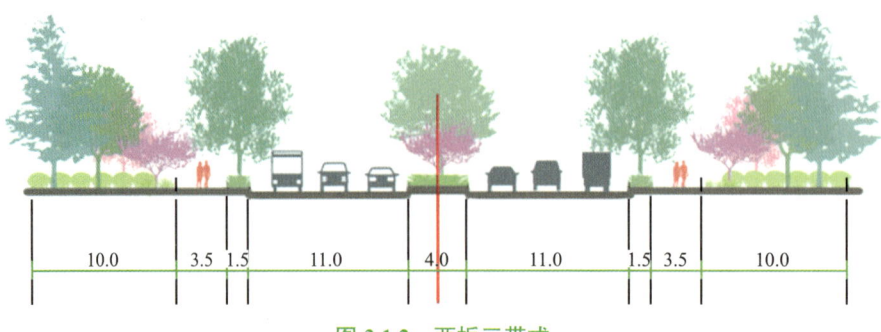

图3.1.2　两板三带式

3. 三板四带式

三板四带式是三条车行道，四条绿化带（图3.1.3）。在人行道两侧种植行道树，中间用两条绿化带把车行道分成三块，中部为机动车道，两侧为非机动车道。这种布置形式适用于交通量较大的城市干道。其特点是占地面积大，但景观效果和夏季遮阴效果较好。

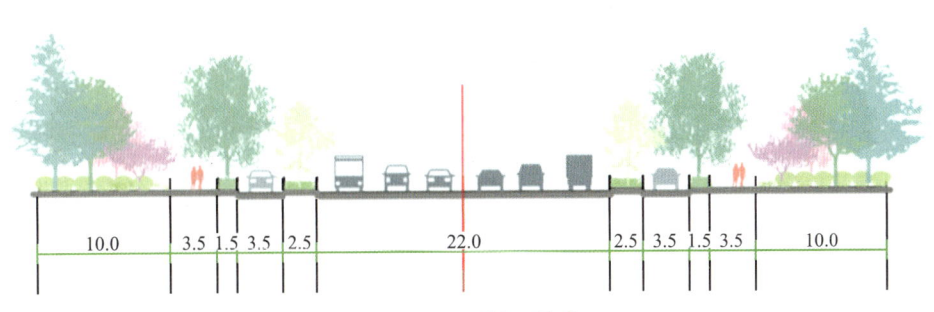

图3.1.3　三板四带式

4. 四板五带式

四板五带式是四条车行道，五条绿化带（图3.1.4）。在人行道两侧种植行道树，中间用三条绿化带把车行道分成两条机动车道、两条非机动车道。这种布置形式适用于车速较高的城市主干道。其特点是用地面积大。

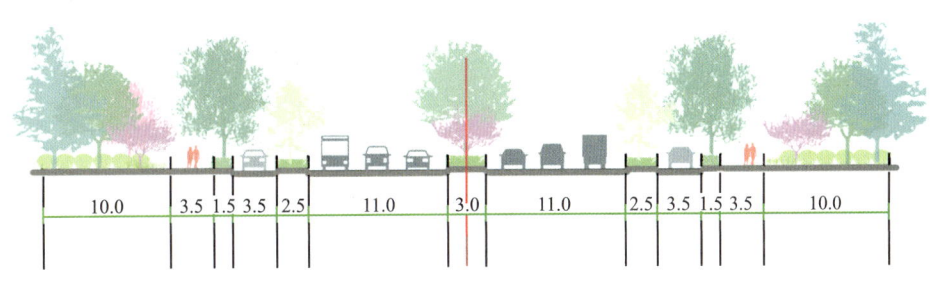

图3.1.4　四板五带式

三、道路绿地植物景观设计要点

1. 行道树绿带植物设计

行道树绿带是指布设在道路路侧，种植行道树等植物，并保证其正常生长的场地。其主要功能是为行人和非机动车遮阴，通常在道路两侧种植浓荫的大乔木，在宽度较大的情况下，也可以乔灌草复层种植。行道树绿带可分为树带式和树池式两种形式。

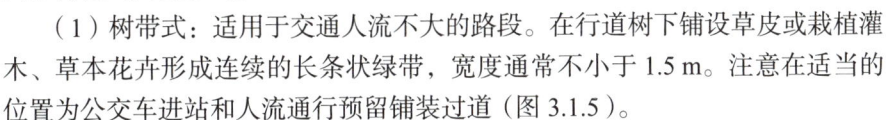

（1）树带式：适用于交通人流不大的路段。在行道树下铺设草皮或栽植灌木、草本花卉形成连续的长条状绿带，宽度通常不小于1.5 m。注意在适当的位置为公交车进站和人流通行预留铺装过道（图3.1.5）。

（2）树池式：适用于交通量较大，行人多而人行道窄的路段。树池的形式多为正方形、长方形或圆形。规格为正方形树池以边长1.5 m，长方形树池长、宽分别以2 m、1.5 m，圆形树池以直径不小于1.5 m为好。为防止行人踩踏，树池边缘一般高出人行道6～10 cm。如果树池低于人行道，应在上面加镂空池盖，种植池内可栽种草坪或其他地被植物（图3.1.6）。

图3.1.5　树带式

行道树株距要考虑人流、交通、消防、苗木规格、树木生长速度等因素，定植株距应以其树种壮年期冠幅为准，通常株距在4～8 m。

行道树定干高度应考虑交通状况，结合功能要求、道路性质、道路宽度、行道树距、车行道距离及树木分枝角度而定。树干分枝角度大者，干高不小于3.5 m；分枝角度小者，干高不小于2 m，以保证车辆、行人安全通行。

行道树选择的原则：适应当地生长环境，移植时成活率高的树种，以乡土树种为主；管理粗放、耐修剪、病虫害少、抗性强的树种；树干端直、分枝点高、寿命长、冠大荫浓、发叶早、落叶迟、落叶期整齐的树种；深根性、无刺、花果无毒、无臭味、无飞毛飞絮、落果少的树种；优先选择市树、市花及骨干树种，彰显城市地域特色。

图3.1.6　树池式

常用的行道树种类有栾树、香樟、榉树、银杏、合欢、国槐、枫香、梧桐、垂柳、小叶榕、大叶榕、洋紫荆、芒果、扁桃、人面子、凤凰木、麻楝、火焰木、广玉兰、雪松、无患子、乐昌含笑、杜英、刺槐、泡桐、毛白杨、黄栌、鹅掌楸、朴树、枫杨、南酸枣、桂花、秋枫、七叶树、梓树、木棉、水杉、白皮松、榆树、白玉兰、樱花等。

2. 分车绿带植物设计

分车绿带是指车行道之间可以绿化的分隔带，位于上、下行机动车道之间的为中央分车绿带；位于机动车道与非机动车道之间或同方向机动车道之间的为两侧分车绿带。

分车绿带植物景观设计应该综合考虑交通安全与景观效果，从交通安全角度考虑，分车绿带的设计不宜过分华丽和复杂，可用简洁的图案或植物组团来表达设计主题。在进行分车绿带植物景观设计时要注意以下五个要点。

（1）为了便于行人通行和车辆转向、停靠，分车绿带要进行适当的分段，一般以 75～100 m 为宜。

（2）分车绿带的植物种植一定要注意保持通透性，不能妨碍驾驶员的视线。被人行横道或道路出入口断开的分车绿带，其端部应采取通透式配置。

（3）分车绿带的植物配置应简洁有序，整齐一致，创造优良的视野环境，种植乔木时，乔木树干中心至机动车道路缘石外侧距离不宜小于 0.75 m。

（4）中央分车绿带有一个重要功能是要抵挡夜间相向行驶车辆间的眩光，通常在距相邻机动车道路面高度 0.6～1.5 m 的范围内种植绿篱或枝叶茂密的常绿树，可将绿篱进行适当的整形修剪，其株距不得大于冠幅的 5 倍。同时，由于中央分车绿带位置居中，宽度较大，常作为城市道路景观的重点来处理，在设计时应突出其景观效果。

（5）当两侧分车绿带宽度大于或等于 1.5 m 时，应以种植乔木为主，并宜与乔木、灌木、地被植物相结合，注意：其两侧乔木树冠不宜在机动车道上方搭接。当分车绿带宽度小于 1.5 m 时，应以种植灌木为主，并应将灌木与地被植物相结合。

中央分车绿带中除点景端头外，不提倡栽植造型树。

1）中央分车绿带——2 m：整体采用规则式种植。

①小乔木＋灌木球＋地被模式，层次较为分明，景观丰富（图 3.1.7）。

②灌木球＋地被模式，强化下层效果（图 3.1.8）。

③造型树＋花境模式，视线相对通透，立体感强（图 3.1.9）。

图 3.1.7　中央分车绿带形式一

2）中央分车绿带——2～4 m：以规则式为主，较少采用自然式。

①乔木（大、小）＋灌木球＋地被模式，层次分明（图 3.1.10）。

②乔木（大、小）＋地被模式，视线通透，立体感强（图 3.1.11）。

③灌木球＋地被模式，强化下层效果（图 3.1.12）。

④藤本植物＋地被模式，隔离效果好，防眩效果佳（图 3.1.13）。

以灌木球搭配地被为主。

图 3.1.8　中央分车绿带形式二

图 3.1.9　中央分车绿带形式三

图 3.1.10　中央分车绿带形式四

项目 3　园林植物景观设计案例分析

图 3.1.11　中央分车绿带形式五

图 3.1.12　中央分车绿带形式六

图 3.1.13　中央分车绿带形式七

· 099 ·

3）中央分车绿带——大于 4 m：采用规则式、自然组团式并重。
①乔木（大、小）+ 灌木 / 灌木球 + 地被模式，层次分明，景观丰富（图 3.1.14）。
②乔木（大、小）+ 地被模式，视线通透，立体感强（图 3.1.15）。
③乔木 + 灌木 / 灌木球 + 草本植物模式，既突出层次关系，又强化下层景观效果（图 3.1.16）。
以乔木结合灌木和地被模式为主。

图 3.1.14　中央分车绿带形式八

图 3.1.15　中央分车绿带形式九

图 3.1.16　中央分车绿带形式十

4)两侧分车绿带种植模式。车行道之间可以绿化的分隔带,位于机动车道与非机动车道之间或同方向机动车道之间的为两侧分车绿带。

两侧分车绿带种植模式与中间分车绿带相似。

3. 路侧绿带植物设计

路侧绿带是街道绿地的重要组成部分,应兼顾到街景和沿街建筑的需要进行设计,在整体上保持绿带的连续和景观的统一。常见有三种类型:建筑物与道路红线重合,路侧绿带毗邻建筑布设,形成建筑物的基础绿化带;建筑退让红线后留出人行道,路侧绿带位于两条人行道之间;建筑退让红线后在道路红线外侧留出绿地,路侧绿带与道路红线外侧绿地结合。

由于绿地宽度的增加,布局形式也更丰富。当宽度达到 8 m 时可以打造成开放式绿地,如花园林荫道、街边小游园等,也可与靠街建筑的宅旁绿地、公共建筑前的绿地等相连,统一造景。

开放式绿地中,绿化用地面积应不小于该段绿带总面积的 70%。

(1)路侧绿地——小于 5 m:以规则式为主,自然式为辅(图 3.1.17)。

1)乔木(大、小)+灌木球+地被模式,层次分明,景观丰富。

2)乔木(大、小)+地被模式,视线通透,立体感强。

3)乔木(大、小)+草本植物模式,视线通透,着重上层效果。

图 3.1.17 路侧绿带形式一

（2）路侧绿地——5～10 m：采用规则式、自然式并重（图3.1.18）。

1）大乔木＋小乔木＋灌木球＋地被＋草坪模式，层次分明，景观丰富。

2）乔木＋地被＋草坪模式，提升上层效果，下层以常绿植物为主。

3）小乔木＋灌木球＋草本类模式，下层饱满，层次感相对较弱。

图3.1.18　路侧绿带形式二

（3）路侧绿地——10～20 m：以自然式为主，规则式为辅，注重前景的留白，强化进深感（图3.1.19）。

1）大乔木＋小乔木＋灌木球＋地被＋草坪模式，层次分明，景观丰富。

2）大乔木＋灌木球＋地被＋草坪模式，提升上层层次，注重下层效果。

3）大乔木＋地被＋草本植物模式，片林模式，突出大气的效果。

（4）路侧绿地——20～40 m：以自然式为主，规则式为辅，注重前景的留白及背景的层次，强化进深感（图3.1.20）。

1）大乔木＋小乔木＋灌木球＋地被＋草坪模式，层次分明，景观丰富。

2）大乔木＋灌木球＋地被＋草坪模式，突出背景的高大、前景的开阔。

项目 3　园林植物景观设计案例分析

图 3.1.19　路侧绿带形式三

图 3.1.20　路侧绿带形式四

· 103 ·

（5）路侧绿地宽度大于 20 m：提倡设置绿道，宽度参照《园林绿化工程项目规范》(GB 55014—2021)，见表 3.1.1。绿道包括步行道、自行车道与步行骑行综合道。城镇型绿道是指在城镇规划建设用地范围内，主要依托和串联城镇功能组团、公园绿地、广场、防护绿地等，供市民休闲、游憩、健身、出行的绿道。

【拓展知识】道路绿化方面的相关规范

表 3.1.1　绿道游径中自行车道和步行骑行综合道的设置宽度　　　　　　m

绿道分类	自行车道		步行骑行综合道
城镇型绿道	单向通行	≥ 1.5	—
	双向通行	≥ 3.0	
郊野型绿道	单向通行	≥ 2.0	≥ 3.0
	双向通行	≥ 3.0	

4. 交通岛绿地植物景观设计

交通岛是指为了会车、控制车流行驶路线、限制车速和装饰街道，在道路交叉口范围内设置的岛屿状构筑物，通常用混凝土或砖石砌筑，高出路面 10 cm 以上。常见的交通岛绿地形式分为中心岛、导向岛和安全岛三种（图 3.1.21）。

图 3.1.21　中心岛绿地

（1）中心岛。中心岛也称为转盘，通常设置在道路交叉口中央，以圆形居多，也有菱形、椭圆形等其他形状。

为了保证各路口之间的行车视线通透，一般在环岛上不种高大的乔木和大灌木，而只种一些低矮的灌木、花卉或草坪，可形成简单的图案花坛。在面积较大的环岛上，为了增加层次感，可零星地点缀几棵小乔木。环岛内不宜布置过分艳丽的景物，以免分散司机的注意力，成为交通事故的隐患。城市主干道的中心岛可适当布置雕塑、地标、立体花坛等，成为城市景观点，但要注意控制体量和高度。

在居住区道路，人流、车流量比较小的地段，中心岛也可布置成开放式小游园，增加居民的活动场所。

（2）导向岛。导向岛的作用是指引行车方向、保证行车安全，其植物配置应不遮挡驾驶员视线、保证行车视距通透、不遮挡交通标志。通常以地被、花坛、草坪为主，色彩不宜过分艳丽夺目。

（3）安全岛。安全岛是指在宽阔的道路上，为行人在道路中央躲避车辆而稍作停留设置的区域。除留出行人停留的区域外，其他区域可种植草坪，或结合地形进行植物设计。

5. 交叉路口绿地植物景观设计

交叉路口即道路交汇处，交叉路口绿地分为平面交叉绿地和立体交叉绿地两种形式。

（1）平面交叉绿地。为保证行车安全，在进入道路交叉口时，必须在路的转角留出一定的距离，使驾驶员有充分的时间刹车、停车而不至于发生撞车事故，这个距离即"安全视距"，通常在交叉口处形成一个三角形，即"视距三角形"。为保证行车的安全，在此三角形内不能有建筑物、构筑物、树木等遮挡驾驶员的视线。因此，在其内种植植物时，要保证其通透性，不能形成过于复杂的图样，以免影响驾驶员的注意力（图3.1.22）。

图 3.1.22　平面交叉绿地

（2）立体交叉绿地。立体交叉绿地是指两条道路不在一个平面上所形成的交叉绿地。立体交叉绿地的植物景观设计应与立体交叉的交通功能紧密结合，突出交通标志，保持行车视线通畅，引导行车方向，保证行车安全（图3.1.23）。

立体交叉绿地植物景观设计风格应与邻近道路绿化风格相协调，布置形式简洁明快，以大色块来营造气势，选择抗性强、粗放管理的植物种类。

在立体交叉桥面上绿化时，应注重景观的连续性，可选择悬挂吊篮或花箱进行造景，植被的图案和色彩不宜过分丰富，以免使驾驶员"驻足"观赏，分散其注意力而影响行车安全；桥体多采用垂直绿化的形式，用攀缘植物装饰桥柱；桥底可采用耐阴植物形成"绿色通道"；立体交叉中分隔出来的绿岛，多设计成开阔舒朗的植物景观，一般不种植过高的绿篱和大量的乔木，以避免产生阴暗郁闭感，可种孤植树、树丛、草皮、花灌木、宿根花卉等。

图 3.1.23　立体交叉绿地

6. 高速公路植物景观设计

高速公路植物景观不仅可以美化路边景观、缓解驾驶疲劳、引导行车方向、防眩光、保障行车安全，还可以修复沿线的植被群落景观、保持水土、降低污染。高速公路植物景观设计主要包含中央分隔带绿化、边坡绿化、互通区绿化和服务区绿化（图 3.1.24）。

图 3.1.24　高速公路植物景观

（1）中央分隔带绿化。中央分隔带绿化一般采用整形结构，宜简单、重复形成节奏韵律，并要控制适当高度，一般在 1.5 m 即可，以遮挡对面车的灯光，保证良好的行车视线。中央分隔带绿化不宜种植乔木，主要是为防止阳光下高大乔木投射到路面的树影造成驾驶员的视觉疲劳，及落叶折枝影响行车安全。可以种植低矮、修剪整齐的常绿灌木及花灌木，注意植物品种不宜过多，色彩搭配不宜过艳。在植物的选用上要用耐贫瘠且抗逆性强的植物。

（2）边坡绿化。边坡绿化的主要目的是固土护坡，防止水土流失，应选用根系发达、易成活、抗性强、粗放管理的植被进行绿化，并结合必要的水土保持工程。在上边坡与车辆行驶方向相对的部位，还可用草皮、藤蔓植物及花灌木配置成简洁、优美的图案。

（3）互通区绿化。互通区是高速公路交叉行驶时的出入口，是高速公路绿化的重要景观节点。该区域植物景观应兼顾诱导视线、美化环境等功能，结合原有的地貌特征和当地的地域文化进行设计。其布局形式多样，可采用大型模纹图案形成大气简洁的植物景观，也可因地制宜结合地域特征，形成乔灌草复层植物群落景观。

（4）服务区绿化。高速公路服务区植物景观设计应根据不同的服务内容而进行与服务功能相一致的植物配置。加油区周围要通透，便于驾驶员识别，在种植上选用具有阻燃性的低矮灌木和草本宿根花卉。停车场的绿化应以形成荫凉的环境为基调，以种植高大的乔木为主。休息室外的空地宜种植高大的观赏庭荫树。

任务实施

一、前期资料收集

本项目是城市道路景观提升工程，位于青岛市西部工业区内，长度约为1.8 km，面积约为10万 m²。现状是道路范围内植物较多，大部分生长较差。

二、植物景观方案设计

1. 总体方案设计

总体方案设计以"穿林见岛，绿浪交织；大气疏朗，印象港城"为定位，通过自然起伏的地形塑造，结合组团化的种植形式，打造独具港城特色的立交绿化风貌。

2. 植物设计目标及原则

（1）设计目标。即合现有植物的景观印象、打造经济区的生态屏障。

（2）设计原则包括以下七点。

1）保护利用：即有长势良好的乔木优先就地利用，其次就近利用。

2）适地适树：选择适应气候条件、立地条件的树种。

3）树种多样：以乡土树种为主，以新优观赏树种为辅。

4）空间营造：开敞空间、半围合空间等。

5）季相景观：三季有景、四季常绿。

6）动物需求：觅食、筑巢、生态廊道、迁徙踏脚石。

7）生态功能：降温降噪、除尘防护等。

3. 现状植物特点

现状乔木林带已形成，建议保留，但部分苗木长势不佳，需进行补植替换；现状护坡绿化缺失，需进行整体景观提升。

4. 植物设计特色

按区域、类型选择不同植物品种，打造四季常绿、三季有花的多层次景观。

三、植物景观施工图设计

前期方案阶段已确定主题植物，在全流程设计中，会在方案阶段之后进入初步设计阶段，初步设计会对植物方案进行细化，在总平面图上绘制设计地形等高线，现状保留植物名称、位置，设计主要植物的种类、名称、位置、控制数量和株行距。最后进入施工图阶段，在初步设计所标注的内容外标注工程坐标网格或放线尺寸，设计的所有植物的种类、名称、种植点位或株行距、群植位置范围、数量。在总平面上无法表示清楚的种植应绘制种植分区图或详图，若种植比较复杂，可分别绘制乔木种植图和灌木种植图。苗木表应包括序号、中文名称、拉丁学名、苗木详细规格、特殊要求等。图纸完成后，进行图纸编排，种植部分图纸编排包括种植说明、苗木表、种植分区索引图、各分区种植平面图。检查无误后打印出图。

实践中，也有方案阶段直接到施工图设计阶段的项目，此类项目植物深化仍需根据前提条件推敲，将初步设计的工作包含到施工图设计中，施工图设计需要做到以下事项。

1. 绘图前的准备

（1）梳理设计依据。包括前期已确认的方案、建设方意见、场地相关条件图（现状植物图、综合管线图、景观底图）、设计规范等，根据这些设计依据进行施工图设计。

（2）确定图幅及出图比例。常规施工图出图比例为1∶500或1∶300，多选用1∶300。根据本项目情况，选择1∶300的出图比例，图幅选择A3大小。此阶段根据绿地大小和出图比例进行分图，以控制后期出图时植物标注在相应的图纸上，避免图例和标注不合理的切割。

（3）确定苗木表。综合植物方案设计、植物地带适宜性、投资性价比及市场供应情况，确定苗木种类、名称、规格等，明确基调树种、骨干树种及特色植物。在Excel中列出本项目选用的所有苗木种类、规格及相关要求。

（4）在AutoCAD中设置图层、制作图块。

1）图层：现状植物图层、移植植物图层、常绿乔木图层、落叶乔木图层、亚乔木图层、灌木图层、地被图层。

2）图块：根据苗木表确定绘图图块。

2. 方案深化设计

结合场地竖向及道路设计等细化植物空间。首先确定现状保留植物的位置，根据方案整体设计，细化植物布局和层次结构。细化各分区及重要节点的植物设计，综合考虑植物与其他景观元素的关系。

3. 图纸绘制

整理底图，确定草坪线分区域，确定主要植物细化设计及标注。

4. 苗木量统计

绘图完成后，统计苗木清单，并核对与初步设计的工程量差异，要控制在投资允许的范围内。

5. 种植说明编写、布图、图纸目录编排及打印出图

（1）种植说明：该部分图纸在施工图阶段主要列举指导施工的控制条件及相关意见，旨在把控按图选苗施工，做好图纸和落地的衔接，力求落地后达到最佳的景观效果。

（2）布图：与园建图纸的总图分区一致，根据本项目情况，种植分区图分为乔木种植图、灌木种植图和地被种植图。

6. 图纸编排及打印出图

图纸编排本项目种植部分包括种植说明、苗木表、种植分区索引图、各分区种植平面图。考虑整个项目的出图情况，把种植部分放在总的图纸目录之中，最后按图纸份数要求打印出图。

拓展训练

一、知识测试

（一）填空题

1. 高速公路植物景观设计主要包含_____、_____、_____区域。
2. 当路侧绿带宽度小于 5 m 时，主要采用_____种植形式；当宽度为 5～10 m 时，主要采用_____种植形式；当宽度为 10～20 m 时，主要采用_____种植形式；当宽度大于 20 m 时，主要采用_____种植形式。

（二）单选题

1. 道路绿带设计中的行道树定植株距，应以其树种、年期树冠为准，最小种植株距应为（　　）m。

   A. 3　　　　　　B. 5　　　　　　C. 4　　　　　　D. 6

2. 在中央分车绿带种植的植物，应起到防止相向行驶车辆的灯光照到驾驶员眼睛引起目眩的作用，如果种植绿篱，一般采用（　　）m 高，如果种植灌木球，株距应小于或等于其冠幅的（　　）倍。

   A. 1.5～2；5　　　　　　　　　　B. 1～1.5；4
   C. 1.5～2；4　　　　　　　　　　D. 1～1.5；5

3. 行道树定干高度应考虑交通状况，结合功能要求、道路性质、道路宽度、行道树距、车行道距离及树木分枝角度而定。树干分枝角度大者，干高不小于（　　）m；分枝角度小者，不小于（　　）m，以保证车辆、行人安全通行。

   A. 3.5；2.5　　　B. 3；2.5　　　C. 3.5；2　　　D. 3；2.5

4. 道路绿化设计及施工需着重掌握的规范标准为（　　）

   A.《城市道路绿化设计标准》(CJJ/T 75—2023)
   B.《园林绿化工程项目规范》(GB 55014—2021)
   C.《园林绿化工程施工及验收规范》(CJJ 82—2012)
   D.《公园设计规范》(GB 51192—2016)

5. 下列树种中不适合做行道树的是（　　）

   A. 西府海棠　　　B. 银杏　　　C. 香樟　　　D. 栾树

6. （　　）植物配置时种植形式可灵活多样，有的只需在路的一旁种植乔灌木，即可达到遮阴和观花效果，有的用拱形枝条形成拱道，有的种植成复层混交林群落，曲径通幽。

   A. 主要园路　　　　　　　　　B. 次路与小路
   C. 所有道路　　　　　　　　　D. 规则式园路

（三）多选题

1. 道路绿地断面布置形式依据道路横断面的不同分为（　　），其中"板"指的是车行道，"带"指的是绿化带。

   A. 一板两带式　　B. 两板三带式　　C. 三板四带式　　D. 四板五带式
   E. 五板六带式

2. 中央分车绿带常用的植物配置模式有（　　　）。
   A. 规则式　　　　　　B. 自然式　　　　　　C. 规则式结合自然式　　D. 组团式
3. 行道树常见的种植设计形式有（　　　）。
   A. 树带式　　　　　　B. 树篱式　　　　　　C. 树池式　　　　　　　D. 树条式
4. 园路的路口及转弯处可配置（　　　）。
   A. 对植　　　　　　　B. 孤植树　　　　　　C. 树丛　　　　　　　　D. 花丛
5. 城市道路植物配置树种选择原则有（　　　）。
   A. 应以乡土树种为主，从当地自然植被中选择优良树种
   B. 不排斥经过长期驯化考验的外来树种
   C. 结合城市特色，优先选择市花、市树及骨干树种
   D. 管理精细、病虫害少、抗性强、抗污染、寿命长
   E. 树形优美、冠幅大、枝叶茂密、分枝点高、遮阴效果好

二、技能训练

该地块为某南方城市的新区主要道路，为城市门户，具有重要的城市形象营造功能。该地块狭长，所以需要设计的内容为标准段与重要路口节点。主要考查学生的植物配置能力与节点景观设计能力。

设计范围如图 3.1.25 所示。包括 3 m 宽的中央分车绿带、两侧各 2 m 宽的人行道和 10 m 宽的绿化带。道路总长为 300 m，请选择一个 130 m 的标准段进行设计，如图 3.1.25 所示。

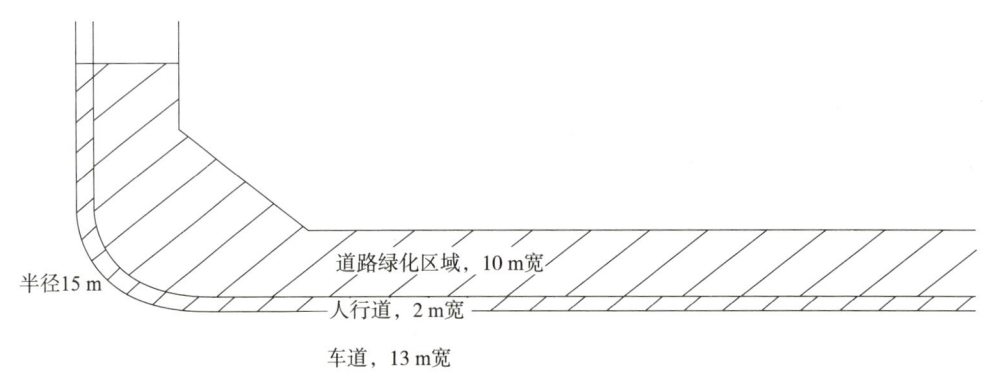

图 3.1.25　设计范围

图纸要求如下。

（1）道路植物种植设计方案平面图。
（2）道路植物种植设计立面图。
（3）道路植物种植设计效果图。
（4）道路绿地植物景观施工图。
（5）设计说明：300字左右，交代设计背景，设计理念，设计内容。

作品赏析

本节选用某市政规划设计院一实际项目作为案例，展示设计再结合现状分析，从规划设计理念、目标、策略、原则入手进行项目的整体结构规划，进而到具体的方案设计。通过完整的方案呈现，旨在帮助读者将道路绿地设计理论知识与实践项目相结合，将理论和技能融会贯通。

【拓展知识】上海合作组织青岛峰会背景下道路景观提质规划设计

任务 2　庭园植物景观设计

工作任务

本任务以长三角地区的某别墅庭园为案例，从项目空间分析、庭园植物的选择、庭园绿地植物草图设计、苗木施工图设计等流程出发，对庭园植物景观设计进行解读。以期以小见大，将设计方法应用到场地更大、空间更加复杂的不同类型的庭园设计中。

知识准备

在中国人的庭园中，植物是必不可少的要素，中国古代文人所向往的"采菊东篱下，悠然见南山""花气袭人知骤暖，鹊声穿树喜新晴"的生活场景，都离不开丰富多彩的植物。它们之间巧妙搭配，错落有致，相互映衬，共同构成理想中的"世外桃源"。

陈植先生在《造园学概论》中写道："盖庭园云者，乃与建筑周围之土地上，为多量观赏植物之栽植，及户外修养娱乐设备者之总称也"。因此，本书中的庭园不仅指私家庭园，也包含医院、学校、酒店等公共场所的庭园绿地。

一、庭园植物景观设计的形式和景观空间特征

1. 庭园植物景观设计的形式

（1）规则式庭园。规则式庭园又称整形式、建筑式、几何式、对称式庭园，整个园林及各景区景点皆表现出人为控制下的几何图案美。与之相对的植物配置多采用对称式，株、行距明显均齐，花木整形修剪成图案，花卉布置以图案为主题的模纹花坛和花境为主，有时布置成

大规模的花坛群；园内行道树整齐、端直、美观，有发达的林冠线，以列植和对称式为主，并运用大量的绿篱、绿墙以区划和组织空间。其中，传统欧式庭园和新古典庭园往往是比较规则的形式，具代表性的有法国的凡尔赛宫（图 3.2.1）、西班牙的阿尔罕布拉宫（图 3.2.2）等。

规则式庭园因为几何对称的布局，列植的大树常常具有非常强烈的引导视线作用，而低矮的花坛则衬托得空间更加开阔。其既能与气势宏伟的建筑和场地相得益彰，也能与精致简洁的小空间匹配。

图 3.2.1　法国凡尔赛宫　　　　　　　　图 3.2.2　西班牙阿尔罕布拉宫

（2）自然式庭园。自然式庭园园林素材的配合在平面规划或园地划分上随形而定，园路多采用弯曲的弧线形，与之相对应的，草地、水体等多采取起伏曲折的自然地貌；树木株距不等，栽植时丛植、散植、孤植、片植并用，是模仿或浓缩大自然的一种构园方式。

自然式庭园并不意味着植物可以随意种植。要打造自然式庭园，应当因地制宜，利用地形和自然条件，创造出一些具有特色的植物空间。例如，低洼处的水塘，利用水塘边界，种植再力花、旱伞草等水岸植物，在水池中间种植睡莲、荷花等浮水或挺水植物；利用一些高差地势的变化，搭配以不同层次的植物，结合堆砌的石块，种植八宝景天、金丝桃、鸢尾等岩生植物，可以模拟出高山植物景观。各种主题的小空间共同串联成富于变化、步移景异的完整的庭园植物空间。自然式庭园很少出现列植，植物空间开合变化，有利于营造更加丰富多变的空间，匹配空间功能的变化（图 3.2.3）。

图 3.2.3　自然式庭园中错落有致的植物景观

传统中式、日式、英式自然风格的庭园都以自然式的手法营造植物空间，但是又各自融合

· 112 ·

了本国的文化特色，如具有代表性的苏州留园（图 3.2.4）、日本金福寺枯山水庭园与玉堂美术馆（图 3.2.5）、英国大迪克斯特花园（图 3.2.6）等。

图 3.2.4　苏州留园自然式植物景观

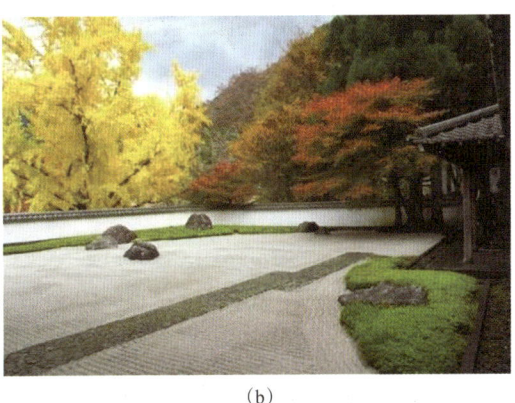

(a)　(b)

图 3.2.5　日本金福寺枯山水庭园与玉堂美术馆
(a) 日本金福寺枯山水庭园；(b) 日本玉堂美术馆

图 3.2.6　英国大迪克斯特花园

（3）规则和自然相结合。规则和自然相结合的庭园综合了以上两种形式，兼具两者的优点（图 3.2.7）。现代风格的庭园往往是两者结合的形式，植物景观更加丰富。比如，在学校或住宅入口处，为了体现气势或迎宾感受，可采用规则式种植；而在人停留的休憩空间，则采用自然式种植，使空间富于变化。

2. 庭园植物景观设计的空间特征

庭园植物景观与庭园建筑、水、地形和其他元素一起构建庭园空间。庭园植物景观与其他元素相比，特征主要体现在以下三个方面。

图 3.2.7　规则与自然兼具的庭园

（1）第四维界面"时间"。庭园植物景观空间随着时间发生变化，即时间性（图 3.2.8）。植物景观在不同时期、不同季节和不同的年限里有很大差异。即使同一植物，在不同的气候、一天的不同时间及光影下也表现不同。在落叶植物围合的空间，随季节变化，围合性会发生很大变化，在夏天封闭感很强的植物空间，在冬天却变得开放。因此，在庭园植物景观设计中要充分考虑植物的季相变化，充分利用植物的阶段性变化，营造丰富的植物景观感受。

图 3.2.8　植物在不同季节的季相表现

（2）空间形态的复杂和多样性。在园林植物的空间结构中，自然形态的树和花灌木的搭配使空间形式更加自由和富于变化，增加了景观的不确定性和流动性。有的空间四周开合变化，局部视线收住，局部视线打开（图3.2.9）；有的空间由高大乔木围合，搭配高低变化的中层植物形成多层次的组团，与周围空间相隔离，视线受到局限（图3.2.10）；有的空间利用低矮的地被来构图，整个空间一览无余（图3.2.11）；一些空间由高大乔木和地被构成，上部虽有植物林荫覆盖，但是视线可以穿过树干，空间在树下流动，实际上是通透的（图3.2.12）。

图3.2.9　植物空间开合变化

图3.2.10　多层次的植物空间

图3.2.11　开敞的植物空间

图3.2.12　枝下通透空间

（3）植物及空间形态的变化。作为主体种植的植物景观空间尺度变化很大，每个阶段都有不同的空间感受。一株植物经过多年生长后，形态会发生很大变化。而庭园植物景观空间随着植物从幼苗到成熟期的转换，景观植物群落会发生变化，形成与原来不同的空间形态。因此，在庭园植物景观设计中要充分考虑使用的植物规格，以及植物生长过程的变化，为植物空间营造留足空间。

另外，植物的营造应该是一个长期的过程，原来阳光良好的场地，随着植物生长，光照可能变得不足，这时候下层的植物可能就需要更换为更加耐阴的植物种类，长期跟踪才能有更美丽的庭园景观的呈现。

二、庭园植物景观设计方法

在进行庭园植物景观设计之前，需要观察庭园建筑的整体风格，如传统、现代、东方或西方等风格，注意建筑的材料、线条和比例，确保园林植物景观与周围环境的协调，同时还需要遵循相应的设计规范。

1. 空间分析和主题划分

在前期的方案设计中，庭园景观设计对于整个空间都有一个设想，植物景观设计应该尽早参与，为方案提供专业支持及更多植物方面的灵感。

（1）植物空间分析。根据空间规划、庭园的实际面积和性状，确定植物种植区域。分析项目动线，沿着主动线逐一确定主要功能场地的植物景观空间及主要的对景空间，将这些空间以泡泡图的形式圈出。根据不同区域规划的功能，结合方案，赋予这些区域不同的植物种植形式和空间感受，使整个动线上的空间富于变化而又符合场地功能设定。比如沿着动线，尽量设定空间有开合变化、有阳光和林荫的变化；又如在中轴的会客厅，选择列植高大乔木，既可以限定空间，为空间提供林荫，又显得有气势；再如在道路尽头转折处，选择用多层次的植物空间，可形成对景，引导视线转折。各种种植形式的空间，一起组合成为具有层次感、对比鲜明和富于变化的视觉空间。

应当注意，每个空间的种植形式不能只采用一种形式来呈现。采用多层次的植物围合场地，可形成私密的交谈空间；而采用大树林荫栽植，下层搭配丰富地被，则形成了视线穿透的、具有互动性的社交空间。

（2）主题划分和植物选择。完成空间分析后，可以根据空间形态赋予每个空间不同的植物主题和种植形式，并选择相应的植物种类。

1）选择适应本地气候和土壤条件的植物。这是首先考虑的要点，适地适树是所有景观类植物空间营造要遵守的第一准则。

2）选择具有特色的植物作为空间主题。中国传统园林中有许多庭园的营造与植物有关，如拙政园中的远香堂、听雨轩、海棠春坞等，其景观的命名有的是以植物名称为主题。

3）季相主题：可以利用植物的季相变化，突出某个空间在某个季节的特色，比如秋色园、春花园。根据开花时间和叶色变化特点合理选择植物，使庭园在不同季节都能展现出不同的魅力。

4）结合功能和其他景观元素赋予空间特点：植物景观与硬质景观相结合，如石头、木材、水池等，形成特色庭园设计。例如，结合水系的设置，形成水生植物主题景观；结合干燥的环境和自然的高差，选择相应抗性较强的植物，营造岩石园主题庭园；在社区庭园里设置果蔬园，丰富居民的业余生活；在医院类学校或医院中设置药草园主题庭园，作为教学或科普基地（图3.2.13）。

图 3.2.13　形态各异的植物主题庭园

5）结合感官体验。园林庭园的美不只是一种视觉艺术，还涉及听觉、嗅觉等感官。不仅如此，庭园中风雨阴晴、春夏秋冬的不同状态也会改变场地内的意境。例如，承德避暑山庄中的"万壑松风"因借助风掠松林而发出的涛声得名，留园中的"闻木樨香轩"则是将桂花香气袭人作为建亭的依据。不同质感的植物组合在一起带给人的感官体验也不同，如大叶子植物组合，带来热带气息；叶片细小、植株低矮、花色艳丽的植物组合在一起会形成地中海式氛围。

6）庭园植物选择宜忌。庭园植物往往选择具有良好观赏特性、抗性强、寓意美好的植物，如"岁寒三友"松竹梅、"花中四君子"梅兰竹菊、"多子多福"的石榴、"招凤凰"的梧桐等。不适合栽植在庭园中的植物，如有毒的夹竹桃、红背桂等，生长太快的泡桐、杨树，有飞絮、带刺的植物等。

值得注意的是，植物主题也不是唯一的，在科学选择植物（气候、土壤等）的基础上，根据自己的设计逻辑，言之成理，能设计出美丽的植物景观，满足使用者的功能需求是最终的目的。

（3）植物空间布局和搭配。考虑庭园的大小和形状，合理规划植物的空间布局，避免拥挤或过于稀疏。根据植物的生长特性和预计的发展空间，确定植物之间的距离和分布。

根据主题植物和庭园的特点，选择适合的植物品种，并确定它们的布局和植栽密度。考虑植物的高矮、生长速度、花期和颜色等特性，以及它们在庭园中的相互配搭和景观效果。

1）色彩与纹理搭配：注意植物的颜色、叶形和纹理，与庭园建筑风格相匹配。植物的色彩和纹理可以营造出不同的氛围和感觉，如绿色和鲜花可以增添活力和生机，叶子的纹理和形状可以创造出不同的视觉效果。

2）高度与层次感：考虑植物的高度变化和层次感，通过选择高矮不同的植物，以及合理的植物布局，营造出丰富的空间层次感。在庭园中可以设置矮灌木、中高乔木、攀爬植物等，使整个庭园景观更具立体感和深度感。

3）长期维护与季节变化：在初步设计阶段，考虑植物的长期维护成本和庭园在不同季节的变化。选择适应当地气候条件的植物，使庭园能够在四季都保持美观和活力。

任务实施

一、前期资料收集

1. 项目背景

本任务的设计对象是位于苏州某别墅区的私家庭园。该庭园为联排别墅的西侧边套，坐北朝南，大门位于建筑南侧，紧邻小区公共道路。建筑占地面积约 100 m²，庭园景观面积约 160 m²。

该庭园居住着一家三代人，希望庭园能够为老人提供户外活动和栽植的空间，为中年人提供户外放松的空间，为小孩提供户外探索、玩耍的空间。希望是比较自然的、低维护的植物景观。

2. 基地现状

目前庭园周围的公共绿化已经完成，庭园内部则是按照交付标准满铺草坪。庭园的西南角靠近住区消防道路的转弯处，此处的公共空间种植了大乔木及层次丰富的下层植物，以营造道路尽头的对景并减少外部环境对庭园内部的影响（图 3.2.14）。

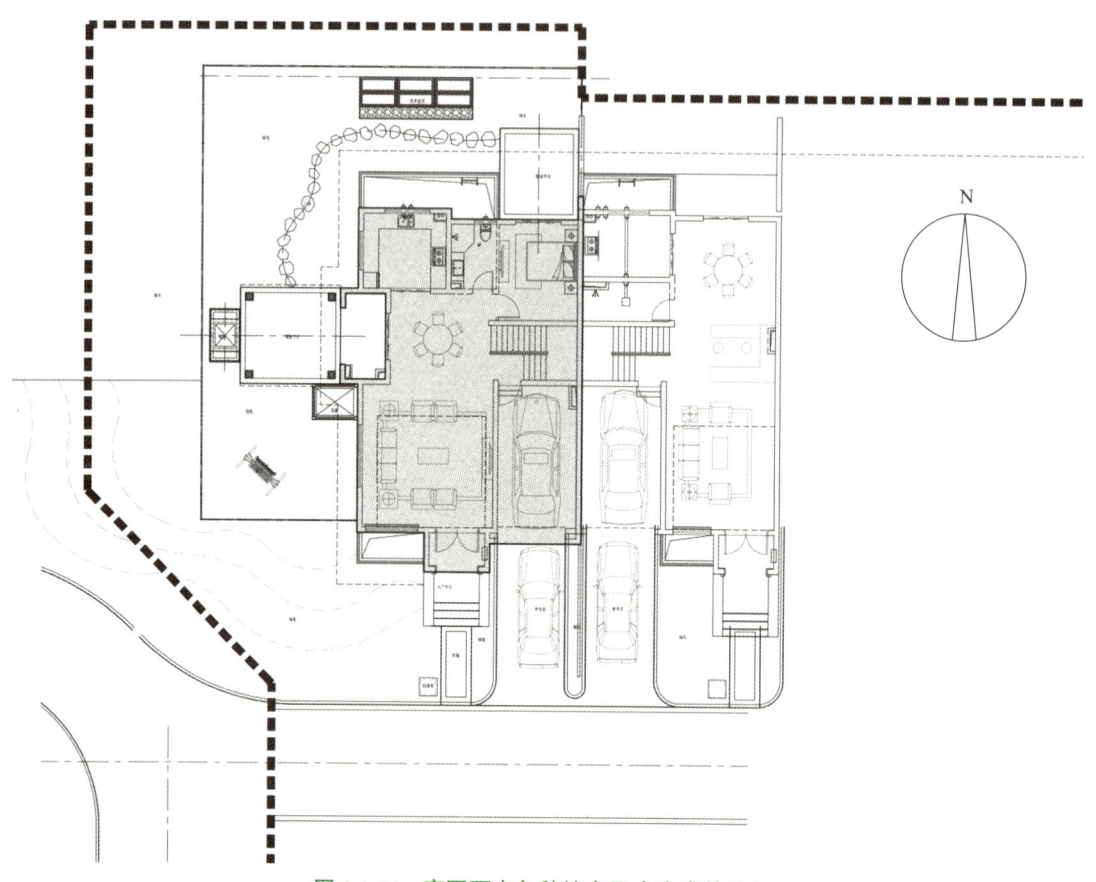

图 3.2.14　庭园西南角种植有层次丰富的植物

二、植物方案分析

在庭园建造之前要根据场地特性，先确定庭园可以营造的植物空间，列出所需植物的种类，并考虑每一种植物的特点，如形体、高度、冠幅、叶簇、颜色、质地、季相等。同时，要考虑植物对光照、温度、土壤、空气、水分等生态因子的要求，以便选择合适的植物种类并营造适宜的生态环境。此外，还应注意随着植物的成长，庭园可能发生的各种变化。只有对庭园植物景观有清晰的计划，才能营造出既连贯又富于美感的庭园。

1. 景观方案解读

经与业主沟通，将庭园划分为四大功能区块（图 3.2.15）。建筑西侧庭园采光较好，将主要的功能区设置于此。室外平台和壁炉区将西侧花园一分为二，南侧为小块的草坪活动区域，北侧为花境观赏区域。

图 3.2.15　空间划分和空间意向

壁炉区域是主要的室外停留空间，可以选择精致的、质感丰富的植物做修饰，休憩之余让人赏心悦目。在壁炉平台的上方廊架，可考虑采用藤蔓植物，提供遮荫，美化廊架。

草坪活动区域的植物尽量沿着场地周边设置，一方面预留儿童户外玩耍的空间，另一方面也使空间看起来更大一些。北侧庭园相对采光较差，花卉、蔬菜种植区设置于此。

2. 空间、视线分析

从建筑室内功能区的设置来分析，客厅的主要视线正对草坪活动区，应当注重对景植物的营造，如可栽植一株早春先叶开放的染井吉野樱，春季的落英缤纷在室内也可观赏。厨房区正对北侧蔬菜栽植区域，可以增加一些观赏性强的植物美化墙面作为对景。整个西侧庭园的北侧和南侧小功能区都比较开放，中间通过壁炉及植物修饰将空间适当收紧。西侧庭园与北侧庭园转折处，通过植物将视线短暂地收紧，然后进入开放的蔬菜种植区域。沿着园路两侧种植迷迭香、鼠尾草、常绿鸢尾等植物，层次分明，营造浪漫的气氛（图 3.2.16）。

3. 微环境分析

该项目基地是庭园比较经典的坐北朝南方位。

（1）项目所在地冬季的主要风向为西北风，因此西北角可以种植常绿乔木和多层次中层植物，减弱冬季寒风。

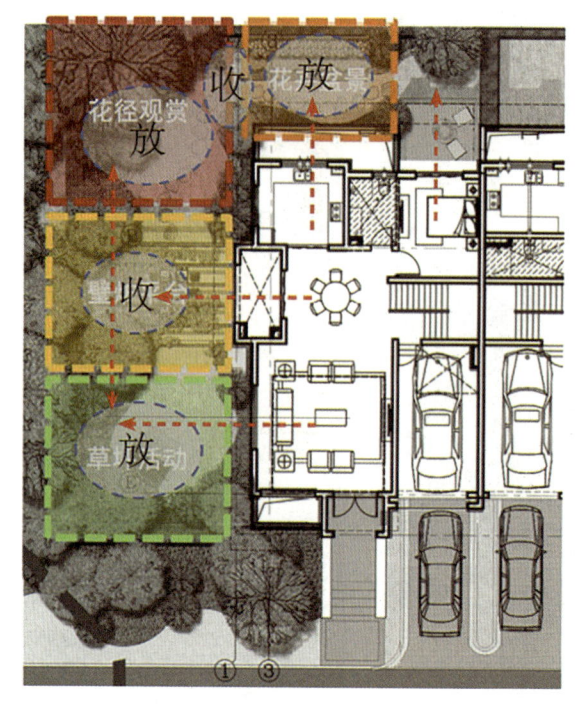

图 3.2.16　视线分析和空间分析

（2）项目西南角外侧已经种植了大乔木，所以庭园内部可借景外部的绿植，内部种植观赏性更强的花灌木或色叶灌木。

（3）整个西侧庭园采光比较好，可以选择喜阳树种，值得注意的是，西南角因为外侧大乔木的遮挡，此处局部小环境，尤其下木可选择有一定耐阴性的植物。

（4）庭园北侧区域采光较差，避免种植强阳性树种。

4. 植物种类筛选

苏州属于亚热带季风海洋性气候，四季分明，气候温和，雨量充沛，年均降水量1 100 mm，年均温15.7 ℃，1月均温2.5 ℃，7月均温28 ℃，植物资源比较丰富。中国古典园林对植物别具匠心的应用，也影响着当地庭园植物的选择。庭园常用的园林植物应选择当地常见的、长势良好的植物。

5. 植物主题和骨干树种确定

在对场地进行分析后，应根据植物季节性规律、适应环境的不同来有针对性地选配，保持植物的四季多样性。具体选配植物种类，应先定骨干植物，再定点缀植物，最后确定选配植物（表3.2.1）。

表 3.2.1　植物配置信息表

位置	序号	名称	季相	花色	花期	其他
骨干植物	1	香橼	常绿	淡黄	—	芳香
	2	染井吉野樱	秋叶黄	粉白	3—4月	
	3	金桂	常绿	黄	8—11月	芳香

续表

位置	序号	名称	季相	花色	花期	其他
点缀植物	4	日本晚樱	秋叶黄	粉红	4—5月	
	5	垂丝海棠	落叶	粉红	3—4月	
	6	红枫	红叶	—	—	
	7	山茶	常绿	多色	1—3月	
	8	木槿	秋叶黄	多色	9—11月	
选配植物	9	海桐	常绿			
	10	无刺枸骨	常绿			红果
	11	银姬小蜡	银色叶子	—		
	12	八仙花	落叶	蓝紫	5—6月	耐阴
	13	茶梅	常绿	红	11—3月	耐阴
	14	结香	落叶	黄	12—1月	花先叶开放
	15	常绿鸢尾	常绿	蓝	5—6月	
	16	八角金盘	常绿	—	—	
	17	迷迭香	常绿	—	—	
	18	圆锥绣球	落叶	—	5—6月	
	19	林荫鼠尾草	宿根花卉	—	6—10月	

（1）骨干植物。骨干植物在庭园中充当基本植物，具有较为鲜明的特点，是庭园中栽植较多的植物。骨干树种一般根据庭园大小配置3～6种植物。

（2）点缀植物。点缀植物在庭园中一般为观叶或观花植物，起到为庭园增加色彩、点缀环境等作用。植物种类一般为3～4种。

（3）选配植物。选配植物是指庭园空间中根据风格和空间特色选配适当的地被植物做基础搭配。

根据上文场地及方案的分析，基本确定了每个空间想要的主题及植物种类（图3.2.17）。西侧庭园的南侧草坪空间，选择染井吉野樱营造早春景观作为客厅对景，下层植物选择具有一定耐阴性的各类八仙花作为主题，再搭配部分常绿地被进行营造。壁炉空间则选择开花浪漫的紫藤，叶形飘逸、花色清雅的非洲野鸢尾修饰廊架。廊架北侧的花镜区域选择常绿香橼作为骨架乔木，园路两侧下面搭配种类丰富的地被（迷迭香、林荫鼠尾草、常绿鸢尾等）营造类花镜空间，丰富的植物搭配，观赏期更长。北侧庭园则根据业主的需求，种植四季蔬菜，在角上种植一株金桂，待花开时，伴随着桂花的幽香和丰收的喜悦，带给人双重的精神享受。

图 3.2.17　分区植物选择

三、植物景观施工图设计

本项目将方案深化融进施工图设计阶段，施工图设计的具体实施流程如下。

1. 绘图前的准备

（1）新建绘制植物景观的 CAD 文件。首先，以包含现状条件的 CAD 图为参照文件，将底图参照进新建 CAD 图纸文件作为植物设计图文件。参照底图的做法可以避免绘制植物图纸时对底图的无意修改，景观平面有调整时，将底图文件更新即可。

（2）确定图幅及出图比例。根据本项目地块大小，选择 1∶50 的出图比例，图幅选择 A2 大小。

（3）确定苗木表。根据方案设计，参考本地常用绿化植物品种，挑选能表现方案设计意向的植物种类。

（4）在 AutoCAD 中设置图层、制作图块。

1）图层：常绿大乔层、落叶大乔层、常绿中乔层、落叶中乔层、地被层、水生植物层。

2）图块：根据苗木表确定绘图图块，每种植物用不同名称的图块表示。植物图块上可以显示植物名称，方便查看，也可以显示植物的规格，在方便画图的同时考虑天际线的变化。同种植物的不同规格可以编成 A、B、C 等不同等级，如朴树 A、朴树 B、朴树 C。

3）底图：整理方案底图，隐去不需要的图层。将底图作为参照插入图纸模型空间中，然后再进行植物平面绘制。

2. 图纸绘制

根据前期的空间设定及主要节点和对景分析，确定主要大乔木点位及草灌线（林缘线），形成大的植物空间；根据动线梳理植物位置和搭配，为每个主题区域配置植物平面，仔细处理植物与其他景观元素的关系；考虑不同质感植物的搭配，细化地被植物搭配。如果有花境的营造，还要用小比例的图纸，详细展示花境平面。

3. 苗木量统计

绘图完成后，统计苗木清单，同时对之前编好的苗木表的规格指标进行复核，要控制在投资允许的范围内。

种植说明：该部分图纸在施工图阶段主要列举指导施工的控制条件及相关意见，旨在把控按图选苗施工，做好图纸和落地的衔接，力求落地后达到最佳的景观效果。

布图：与园建图纸的总图分区一致，根据本项目情况种植分区图分为乔木种植图、灌木种植图和地被种植图。

4. 图纸编排及打印出图

本项目种植部分包括种植说明、苗木表、种植总平面图、上木种植平面图、下木种植平面图。考虑整个项目的出图情况，将种植部分放在总的图纸目录之中，最后按图纸份数要求打印出图。

拓展训练

一、知识测试

（一）填空题

1. 古典庭园中的"玉堂春富贵"指的植物分别是_____、_____、_____、_____、_____。
2. 日式庭园中最具特色的类型是_____。
3. 英国花园以_____式的方法营造。

（二）单选题

1. 日式庭园最早受（　　）园林影响。
   A. 中国　　　　B. 英国　　　　C. 法国　　　　D. 意大利
2. 具有"多子多福"寓意的是（　　）。
   A. 银杏　　　　B. 杏　　　　　C. 柿树　　　　D. 石榴
3. 拙政园中的景点"玉兰堂"是以（　　）而命名。
   A. 二乔玉兰　　B. 白玉兰　　　C. 紫玉兰　　　D. 广玉兰
4. 日式庭园中地被经常种植（　　）来达到返璞归真的效果。
   A. 矮麦冬　　　B. 苔藓　　　　C. 沿阶草　　　D. 三叶草
5. 下列古典私家园林中景点名称与植物无关的是（　　）。
   A. 秋香馆　　　B. 待霜亭　　　C. 月到风来亭　D. 听雨轩

（三）多选题

1. 关于庭园植物种植，下列说法正确的是（　　）。

A. 多选择果树品种
B. 选择花色艳丽的花灌木和草本花卉
C. 乔木以针叶树为好
D. 乔木不宜过大过高过多
E. 草皮应选择绿期长、耐修剪、少病虫害的草种

2. 古典私家庭园中以桂花命名的景点有（　　）。
A. 小山丛桂轩　　　B. 远香堂　　　C. 听雨轩　　　D. 闻木樨香轩
E. 雪香云蔚亭

3. 下列植物中不适合种在庭园中的有（　　）。
A. 夹竹桃　　　B. 桂花　　　C. 枇杷　　　D. 紫薇
E. 水杉

4. 庭园中适合种的观果植物有（　　）。
A. 香泡　　　B. 银杏　　　C. 枇杷　　　D. 广玉兰
E. 桂花

5. 以下植物中适合用于庭园水体绿化的有（　　）。
A. 旱伞草　　　B. 黄菖蒲　　　C. 芦竹　　　D. 芦苇
E. 荷花

二、技能训练

1. 以所在城市的气候特点为基础，选择一个功能建筑及周围的附属绿地进行庭园植物景观设计，如学校的某处建筑及周边绿地，或自家住宅及绿地空间。

（1）以3~5人为一组，调查该地块的相关资料（包括地形、位置、功能赋予），分析总结该绿地的植物景观特点，将分析结果汇总成分析报告。分析报告可以包括功能设置、视线分析、空间分析、季相分析等。

（2）根据以上分析结果对该绿地提出优化方案，重点突出植物专项方案，制作方案汇报文件，以小组为单位，提交文件并进行课堂汇报。

（3）深化植物景观方案，形成初步设计文件（细化植物种类、名称、规格等），每人提交1份初步设计文件（CAD及PDF格式）。

（4）优化调整初步设计文件，最终提交一套完成的种植施工图（含种植说明、苗木表、植物放线图）。

2. 以下为某别墅庭园设计方案，业主希望在庭园中开辟6 m×3 m的菜园，庭园中有池塘，需配置水生植物。请根据所学的庭园植物配置知识完成庭园植物景观方案设计、种植施工图设计。注：庭园区位自定，业主身份可自拟。

作品赏析

本节以中外三个庭园为案例进一步阐释不同地域、风格的庭园植物景观，旨在拓宽读者对庭园风格和植物景观的理解，结合前述庭园植物景观设计理论和实践项目分析，能够系统掌握相关知识和技能。

任务 3　城市滨水绿地植物景观设计

工作任务

某河道位于北京市西北郊，由于地区发展建设的需要，滨水绿地环境亟待提升，水利部门委托设计院对该河道绿地进行生态景观提升改造。

知识准备

城市滨水绿地邻水而建，是具备稀缺资源的公共绿地空间，其对城市形象有着重要影响。同时，城市滨水绿地在优化利用水资源、营造多样化生境和促进生物多样性方面起着重要作用，是构建连续完整的生态基础设施体系的重要组成部分。作为滨水绿地的重要元素，建设好滨水绿地植物景观不仅有助于城市形象的提升，还有助于城市生态设施的完善。滨水绿地类型多样、生境丰富，其植物景观具有物种多样、空间丰富的特征。滨水绿地的植物选择需要根据生境条件因地制宜，植物景观应结合方案设计综合考虑科学性和景观效果，同时需要遵循相应的设计规范。

【拓展知识】相关规范

一、城市滨水绿地的概念及类型

1. 城市滨水绿地的概念

城市滨水绿地是指城市规划用地中河流、沟渠、坑塘、江、湖、海等水体沿岸的绿地空间。它是滨水区域的城市公共绿地，既包含较大尺度的滨河、滨江、滨湖、滨海绿地，也包括公园里中小型水体周边的绿地。比如，南昌赣江市民公园、上海后滩公园、南京玄武湖公园、杭州西湖周边绿地及北京温榆河公园的水边绿地都属于滨水绿地。

城市滨水绿地从属于《城市用地分类与规划建设用地标准》（GB 50137—2011）中的绿地及广场用地大类之下，既包含公园绿地中的水域周边的绿地，也包含河、湖等的防护绿地。但它不是城市用地下的一类用地，而是实践中对水体元素突出的绿地统称。

2. 滨水绿地类型

根据形态的不同，滨水绿地可分为带状滨水绿地、面状滨水绿地。一般绿地形态依附于水体形态、走向及与周边用地的关系。带状滨水绿地是指绿地长度明显大于其宽度、外观呈现条带状的绿地，如杭州西湖的白堤和苏堤、天津海河公园。面状滨水绿地是指绿地被水体环绕或部分环绕，形成外观为非线型的绿地区域，尺度上小至岛屿、大至公园，如北海公园的琼华岛、淀山湖畔的上海大观园。

根据滨水绿地中水体性质的不同，分为滨河绿地、滨湖绿地、滨江绿地、滨海绿地等，这些绿地因温度、光照、水分、土壤等环境条件的差异而有不同的植物景观。

二、城市滨水绿地的植物景观特征

城市滨水绿地因为水因子的分布影响了其他环境因子（光照、温度、空气、养分），造就了多样的生境，包括岸上区域、水陆交错带和水域三大类，这也为滨水植物景观的多样性创造了条件。城市滨水绿地中的植物景观，最显著的特征是多样性，其多样性表现在物种种类、植物景观空间上。它是由陆生植物、湿生植物及水生植物共同组成的植物景观。同时，水这一特殊元素的加入使植物景观呈现的空间体验更为多样。

（1）物种多样性。滨水绿地由于水的存在，不但为植物提供了必需的水分，也为动物提供了水源和栖息地，优越的水分条件为滨水绿地中的物种多样性提供了条件，一般城市滨水绿地中植物的种类越多、吸引的小动物也越多，物种较城市非滨水绿地更为丰富。

（2）空间多样性。城市滨水绿地植物景观空间不仅有开敞空间、半开敞空间、封闭空间，还有因为水面存在形成的延伸空间，因为水面会形成一定的倒影，丰富了空间层次，给人不同的景观体验。同时，水资源的稀缺和人类天然的亲水性，近水、看水对人们有很强的吸引力。滨水绿地的植物布置，一方面需要放开观水视线，另一方面需要设置适当的遮蔽形成若隐若现或豁然开朗的感觉，借助植物不同的组合方式，形成多样的植物景观空间，或引导视线，或刺激探索，或带来惊喜，为绿地使用者提供丰富的景观体验（图3.3.1～图3.3.4）。

图3.3.1　草坡入水形成开敞空间

图3.3.2　水岸种植水生植物使水岸线若隐若现

图3.3.3　适当的开阔水面倒映出周边景致

图3.3.4　水与滨河路间的海棠和迎春形成遮蔽效果

三、滨水绿地的植物种类选择

因水位变动、坡度、坡向等因素使滨水绿地呈现出较普通绿地更为多样的生态环境，这就要求在选择植物时必须综合考虑立地条件，因地制宜。滨水绿地植物选择需考虑耐水湿植物、湿生植物和水生植物，水生植物包含挺水植物、漂浮植物、浮叶植物、沉水植物。水深是决定植物生长的重要因素，不同的湿生和水生植物对水深的要求存在显著的差异，应采用与植物生活型相适应的分带种植，可依水分梯度分布种植沉水植物、浮叶植物、漂浮植物、挺水植物和湿生植物。部分植物对水分的适应性较强，既可以适应水生和湿生环境，又有一定适应干旱的能力。

【拓展知识】常用湿地植物种类及种植要求表

（1）耐水湿植物：东方杉、南川柳、池杉、落羽杉、墨西哥落羽杉、水杉、中山杉、水松、垂柳、旱柳、馒头柳、构树、桑、刺槐、枫杨、银叶柳、南酸枣、火棘、木芙蓉、紫穗槐、杞柳、云南黄馨等。

（2）湿生植物：花菖蒲、美人蕉、红蓼、蒲苇、斑茅、荻、芦竹等，适宜潮湿土壤及水深小于 10 cm 的区域。

（3）挺水植物：芦苇、千屈菜、黄菖蒲、菖蒲、再力花、梭鱼草、香蒲、水葱、花蔺、野茭白、慈姑、泽泻、荷花等，适宜常水位水深为 10～100 cm 的区域。

（4）漂浮植物：水鳖、萍蓬草、槐叶萍等，适宜常水位水深为 50～100 cm 的区域。

（5）浮叶植物：睡莲、荇菜、芡实、菱等，适宜常水位水深为 50～100 cm 的区域。

（6）沉水植物：黑藻、金鱼藻、眼子菜、苦草等，适宜常水位水深为 100～150 cm 的区域。

四、滨水绿地的植物景观设计

植物景观设计时，要考虑水面大小，选择体量合适的植物材料，营造空间感适宜的植物景观。如较大湖体的植物景观设计，可以以某种植物作为湖岸边的主体，以群植的方式，形成壮观的植物景观效果，同时在湖面运用岛、半岛、堤等造景手段，丰富空间层次，增加景深，但一定要保证观景视线的通透性。而在尺度较小的池，植物景观设计要精致，以体量较小的水生植物点缀，形成视线开阔的空间。另外，对于行洪河道，其植物景观设计时要考虑洪水水位线，河道内植物种植不得缩小行洪断面。

滨水绿地一般根据立地条件分为陆域、水位变幅区、水域三部分，不同生态条件下的植物组合构成了滨水绿地植物景观（图 3.3.5）。

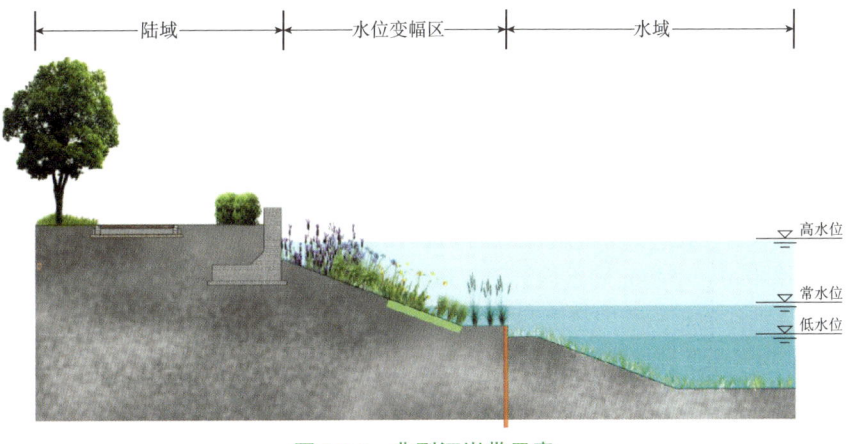

图 3.3.5　典型河岸带示意

（1）陆域。陆域部分包括河道岸坡及岸坡以外的防护绿地部分，对于岸坡部分的植物景观，设计时要考虑洪水水位线、边坡（坡度和坡向）及与周边环境的衔接。对于自然水体，进行水边植物设计时要注意以下原则：植物配置切忌等距种植及整形式或修剪，以免失去画意。在构图上，注意应用探向水面的枝、干，尤其是似倒未倒的水边大乔木，以增加水面层次和增添野趣。岸上植物的种植考虑其在水面的倒影效果，适当种植色叶植物丰富季相和水面空间的色彩。

（2）水位变幅区。水位变幅区是多年平均最低水位线和多年平均最高水位线之间的区域（图3.3.6）；人为调控的水体为设计或调控的最低水位线和最高水位线之间的区域。对于城市滨水绿地的河湖项目，多数情况会人为设定一个相对恒定的水位线，即常水位线。常水位线的高程一般基于对项目水体长期水位观测得出的中位数或人为调控设定的蓄水水位高程。因为水位变幅区会跨越常水位线，此区域的植物种植需要考虑水位的变动情况，实际种植设计时应结合水位变幅及变动频率。对于水位变动频率较低的项目，可以常水位线为参考，在常水位线以下种植水生植物，在常水位线以上种植湿生植物，但种植时需注意植物间应有宽窄变化、相互交错，避免出现割裂感。对于水位变动大或频率高的项目类型，在进行植物设计时应选择对水位变化适应性较强的植物。

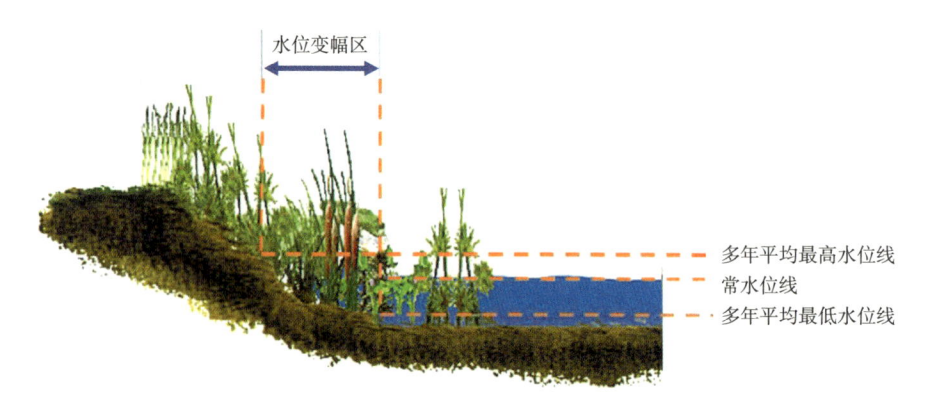

图3.3.6 水位变幅区示意

（3）水域。在植物设计时一般以常水位以下作为水生植物的种植区域，可根据水深种植挺水植物、浮叶植物、沉水植物（图3.3.7）。植物设计时要考虑水面大小、水深、种植层次及与水陆交错带植物的过渡衔接。水生植物种植可以柔化驳岸、增加水面的层次感，还可以季节性调整水体的边线形态。水生植物种植设计需要注意以下四点。

1）水生植物与水边的距离要有远有近、有疏有密，切忌沿边线等距离种植，要留出必要的纯水面。

2）水面植物种植面积一般不要超过水面的1/3，需至少留出2/3面积的水面供欣赏倒影，切忌将水面植物种满。此外，水面植物的种植位置也需要根据岸边的景物仔细安排，以将最美的画面复现于水中。若植物充满水面，不仅欣赏不到水中景观，还会失去水面提高空间亮度、使环境小中见大的作用，水景的意境和赏景的乐趣也就消失殆尽。

3）应根据水深梯度种植适宜的水生植物。

4）种植根系发达、易泛滥的荷花、香蒲、水葱、芦苇等植物时，为保证长期稳定的效果，需要种植前设置水下阻隔墙，以控制植物的生长范围。控制沉水植物的种植，避免在水浅的区域种植，以防止沉水植物冒出水面，破坏整体水面效果。

陆域、水位变幅区、水域三部分共同构成滨水绿地的植物景观，设计时应整体考虑，做到过渡自然、浑然一体，切忌出现一条线的割裂感。

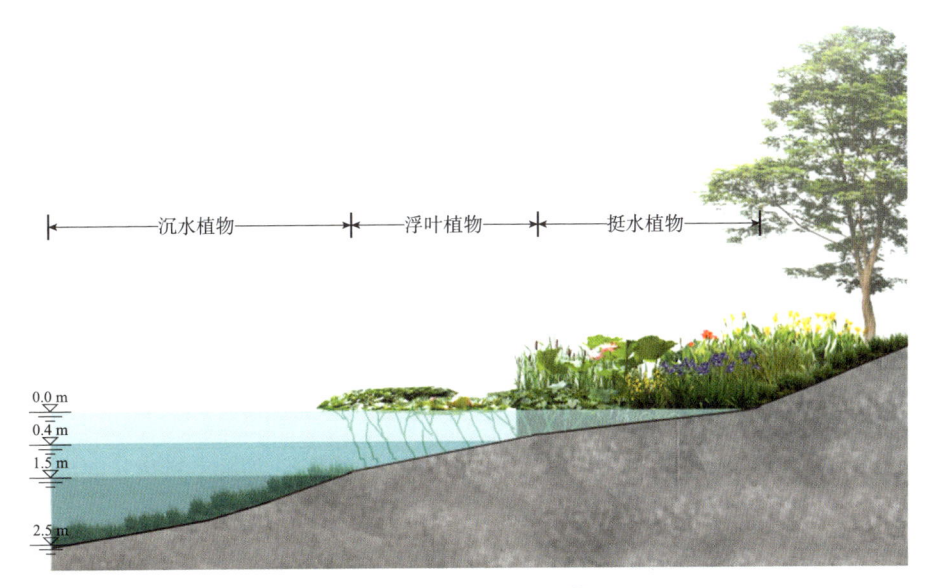

图 3.3.7　水生植物群落

任务实施

一、前期资料收集

1. 项目背景

本项目是河道生态景观提升改造工程，该绿地位于北京市西北郊，北邻滨河公园（与本项目同步规划实施），工程治理范围西起树村闸上游 50 m，东至体大西桥，河道长 1.17 km。南起清河南岸五环路，北至左岸巡河路，总面积为 11.67 万 m^2。

2. 地块现状

两岸植物较多，大部分生长良好。

二、植物景观方案设计

1. 总体方案设计

总体方案设计以"清河之洲、都市沃畴"为定位，构建圆明园北侧园外十景，突出生态自然、活力共享的场地特征。

本项目总体植物景观遵循三山五园地区保护规划要求，再现京西田园风光及皇家园林水系整体风貌。

2. 植物设计目标及原则

设计目标：融合现有植物的生态河滨、凸显季节繁盛的景观印象、传承文化意蕴的景观节点。

设计原则如下。

（1）保护利用：既有长势良好的乔木优先就地利用，其次就近利用。

（2）适地适树：气候条件、立地条件的适应。

（3）树种多样：乡土树种为主，新优观赏树种为辅。

（4）空间营造：开敞空间、半围合空间、私密空间、林下空间等。

（5）季相景观：三季有景、四季常绿。

（6）功能活动：草坪活动、林下休闲、望山望水、科普教育等。

（7）动物需求：觅食、筑巢、生态廊道、迁徙踏脚石。

（8）生态功能：净化水质、降温降噪、除尘防护等。

（9）文化传承：借鉴圆明园植物风貌、节点景观承载文化意象。

3. 现状植物特点

（1）现状植物分布。

1）北侧岸坡。现状岸坡植物主要为国槐、桧柏、椿树、银杏及柳树零星分布，片林层次单一、季相景观不突出。

2）南侧岸坡。现状植物分布较多，大乔木以槐树、榆树、栾树、柳树、油松片林为主，局部有银杏、白蜡零星分布，小乔木以紫叶李片植为主，部分地块无中层花灌木及下层植被，边坡土壤多处裸露；河流两侧有滨水空间；河道现状岸坡以硬质护砌为主，水生植物缺失，生态状况较差。

（2）现状植物特点。

1）数量多，是良好的生态基地。

2）南岸树木郁闭度高，可形成良好的防护林。

3）现状植物群单一，缺乏季相变化。

4）较多现状树木出现截干、枯枝现象。

4. 植物设计策略

（1）融景：利用好现有植物基底，融合北侧滨河公园景观。

（2）显盛：打造纯粹的植物盛景，留下"宜游、宜赏、宜分享"的印象。

（3）传承：承接圆明园植物文化意蕴，节点景观再现诗意风貌。

5. 设计总体目标

融合现有植物的生态河滨、季节繁盛的景观印象、饱含文化意蕴的节点传承。

6. 植物设计特色

营造"春赏百花秋赏叶，夏有荷风冬有松"的植物景观，将文化传承与现代化游赏需求相结合，传承历史文化特色。

三、植物景观施工图设计

本项目由于时间节点的安排，预留植物部分的施工图设计时间较短，实际操作上直接由方案到施工图设计，将方案深化融进施工图设计阶段。本项目施工图设计的具体实施流程如下。

1. 绘图前的准备

（1）新建绘制植物景观的CAD文件。首先，以包含现状条件的CAD图为参照文件，新建 CAD 图纸文件作为植物设计图文件。

（2）确定图幅及出图比例。根据本项目地块大小，选择 1∶500 的出图比例，图幅选择 A2 大小。

（3）确定苗木表。根据方案设计，首先确定必备植物种类（垂柳、绦柳、元宝枫、观赏桃类），以此为基础，参考本地常用绿化植物品种，挑选能表现方案设计意向的植物种类。

（4）在植物设计的 CAD 文件中设置图层、制作图块。

1）本项目图层包括现状植物图层、移植植物图层、常绿乔木层、落叶乔木层、亚乔木层、灌木层、地被层、水生植物层。

2）图块：根据苗木表确定绘图图块（表 3.3.1）。

表 3.3.1　图块示意

序号	图例	名称	拉丁学名
1		银杏	*Ginkgo biloba L.*
2		鹅掌楸	*Liriodendron chinense*（Hemsl.）*Sarg.*
3		绦柳	*Salix matsudana f.pendula.*
4		八棱海棠	*Malus×robusta.*
5		八棱海棠特选	*Malus×robusta.*
6		照手桃特选	*Amygdalus persica Linn. var. persica f. pyramidalis Dipp.*

2. 方案深化设计

（1）结合场地竖向及道路设计等细化植物空间。

（2）首先落位现状保留植物的位置，根据方案整体设计，细化植物布局和层次结构。

（3）细化各分区及重要节点的植物设计，综合考虑植物与其他景观元素的关系。

（备注：本项目的方案深化融合在施工图设计期间同步进行。）

3. 图纸绘制

整理底图；确定草坪线分区域；确定主要植物；细化设计及标注。以叠瀑区景点为例，图纸如图 3.3.8、图 3.3.9 所示。

4. 苗木量统计

绘图完成后，统计苗木清单，并核对与初步设计的工程量差异，要控制在投资允许的范围内。

5. 种植说明编写、布图

种植说明：该部分图纸在施工图阶段主要列举指导施工的控制条件及相关意见，旨在把控按图选苗施工，做好图纸和落地的衔接，力求落地后达到最佳的景观效果。

布图：与园建图纸的总图分区一致，根据本项目情况种植分区图分为乔木种植图、灌木种植图和地被种植图。

6. 图纸编排及打印出图

本项目种植部分包括种植说明、苗木表、种植分区索引图、各分区种植平面图。考虑整个项目的出图情况，把种植部分放在总的图纸目录之中，最后按图纸份数要求打印出图。

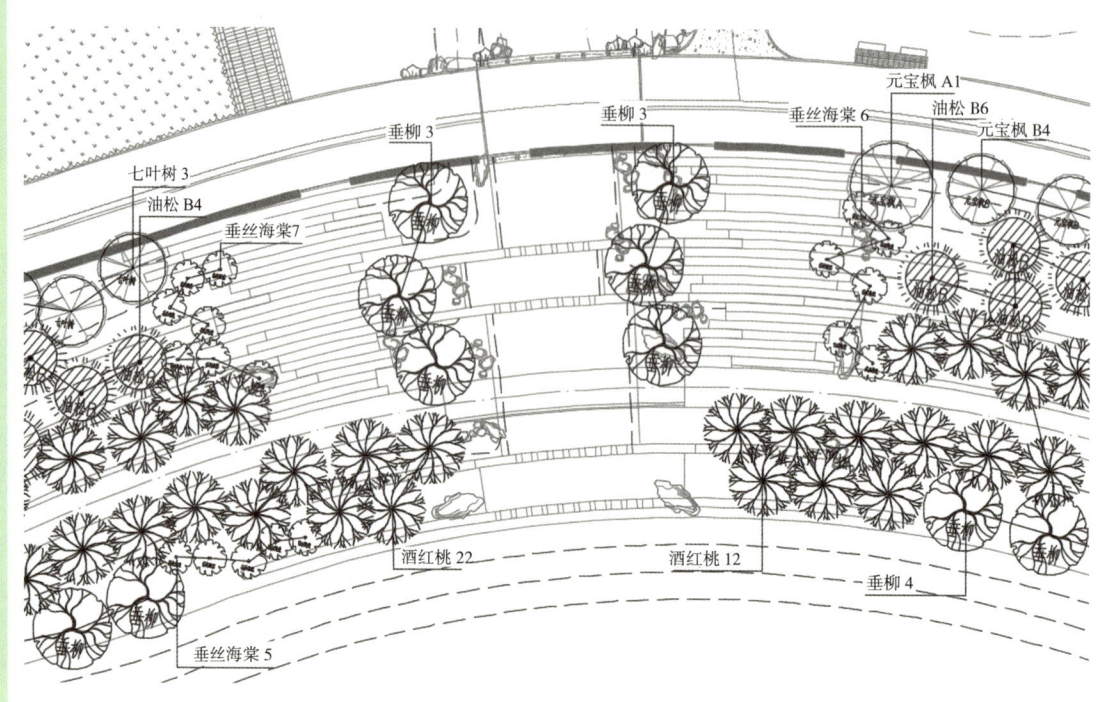

图 3.3.8　叠瀑区域乔木种植图

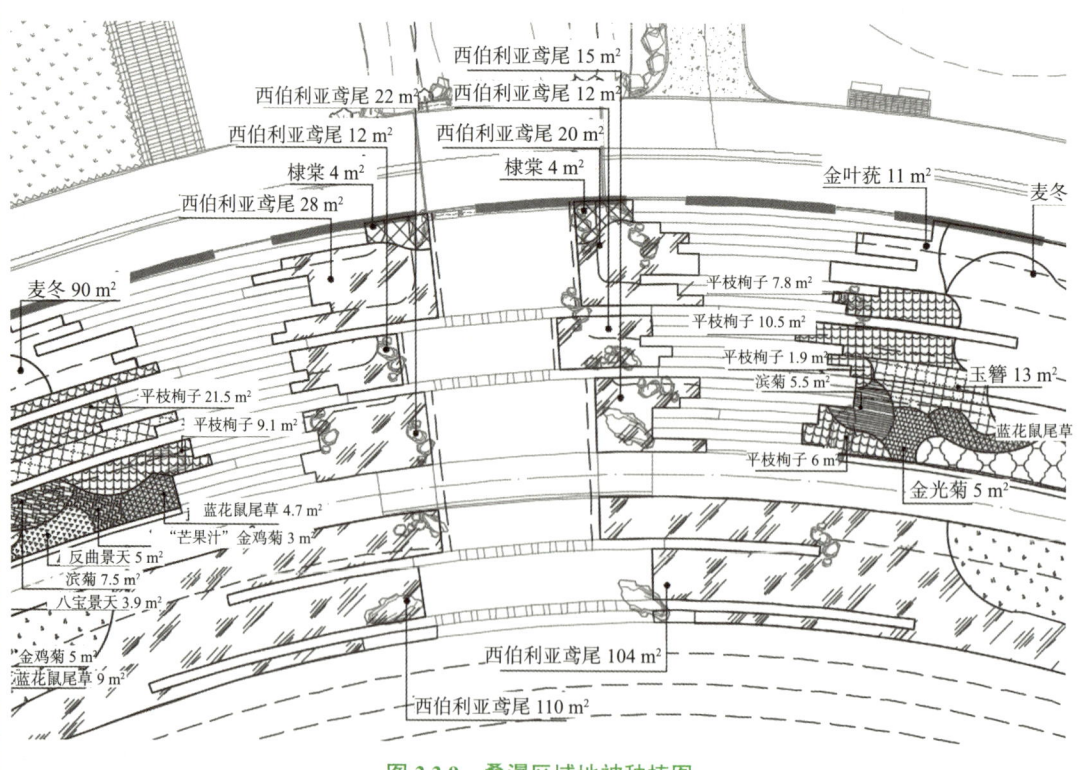

图 3.3.9　叠瀑区域地被种植图

拓展训练

一、知识测试

（一）填空题

1. 根据形态的不同，滨水绿地可分为_____滨水绿地和_____滨水绿地。
2. 滨水绿地植物景观最显著的特征是多样性，其多样性表现在_____和_____上。
3. 水位变幅区是多年平均最低水位线和多年平均最高水位线之间的区域，对于城市滨水绿地的河湖项目，多数情况下会人为设定一个相对恒定的水位线，即_____线。
4. 城市滨水绿地是指城市规划用地中河流、沟渠、坑塘、江、湖、海等水体沿岸的绿地空间，它从属于《城市用地分类与规划建设用地标准》(GB 50137—2011)中的_____用地大类之下。

（二）单选题

1. 下列不属于城市滨水绿地概念范畴的是（　　）。
   A. 南昌赣江市民公园的水边绿地　　　　B. 某城市小区内的人工湖周边绿地
   C. 城市中一条没有任何绿化的灌溉沟渠　　D. 上海后滩公园
2. 面状滨水绿地是指（　　）。
   A. 绿地长度明显大于其宽度、外观呈现条带状的绿地
   B. 绿地被水体环绕或部分环绕，形成外观为非线型的绿地区域
   C. 依附于水体形态且长度和宽度相近的绿地
   D. 面积较小且分散在水体周边的绿地
3. 滨水绿地中，能吸引更多物种的主要原因是（　　）。
   A. 有更多的人类活动　　　　　　　　B. 具备优越的水分条件
   C. 有更多的空间多样性　　　　　　　D. 植物景观设计更合理
4. 下列植物中属于湿生植物的是（　　）。
   A. 东方杉　　　　B. 花菖蒲　　　　C. 芦苇　　　　D. 睡莲
5. 在设计较大湖体的植物景观时，下列做法错误的是（　　）。
   A. 以某种植物作为湖岸边的主体，以群植的方式形成壮观的植物景观效果
   B. 在湖面运用岛、半岛、堤等造景手段，丰富空间层次，增加景深
   C. 保证观景视线的通透性
   D. 将湖面植物种满，营造茂密的植物景观
6. 下列植物中适合种植在常水位水深区域的是（　　）。
   A. 睡莲　　　　B. 黑藻　　　　C. 芦苇　　　　D. 花菖蒲

（三）多选题

1. 城市滨水绿地的类型，根据水体性质可分为（　　）。
   A. 滨河绿地　　　B. 滨湖绿地　　　C. 滨江绿地　　　D. 滨海绿地
2. 在滨水绿地的植物景观设计中，需要注意的要点有（　　）。
   A. 植物与水边的距离要有远有近

B. 水面植物种植面积不要超过水面的 1/3

C. 根据水深梯度种植适宜的水生植物

D. 种植根系发达的植物时需要设置水下阻隔墙

3. 下列植物中属于耐水湿植物的是（　　）。

　　A. 垂柳　　　　　　B. 池杉　　　　　　C. 刺槐　　　　　　D. 国槐

4. 在水位变幅区进行植物种植设计时，对于水位变动频率较低的项目，下列做法正确的是（　　）。

　　A. 以常水位线为参考，在常水位线以下种植水生植物

　　B. 在常水位线以上种植湿生植物

　　C. 种植时植物间应宽窄变化、相互交错，避免出现割裂感

　　D. 选择对水位变化适应性较强的植物

5. 水生植物种植设计需要注意的要点有（　　）。

　　A. 水生植物与水边的距离要有远有近、有疏有密，切忌沿边线等距离种植，要留出必要的纯水面

　　B. 水面植物种植面积一般不要超过水面的 1/3，需至少留出 2/3 面积的水面供欣赏倒影，切忌将水面植物种满

　　C. 应根据水深梯度种植适宜的水生植物

　　D. 种植根系发达、易泛滥的植物时，为保证长期稳定的效果，需要在种植前设置水下阻隔墙

二、技能训练

1. 在所在城市的绿地中选择一块滨水绿地，5 人一组，调查该地块的相关背景资料（包括建设年代、现场情况、未来规划等）及植物配置情况，分析总结该绿地的植物景观特点，将分析结果汇总成分析报告，提交报告并进行课堂汇报。分析报告应包含现状植物的平面布局（若绿地面积较大，可选取其中一段呈现）、现状情况（种类、规格、长势、种植方式）、植物空间、视线分析等内容。

2. 根据上节调研的分析结果对该滨水绿地提出优化方案，重点突出植物专项方案，制作方案汇报文件，以小组为单位，提交文件并进行课堂汇报。

3. 深化植物景观方案，形成初步设计文件（细化植物种类、名称、规格等），每人提交 1 份初步设计文件（CAD 及 PDF 格式）。

4. 优化调整初步设计文件，最终提交一套完整的种植施工图（含种植说明、苗木表、植物放线图）。

作品赏析

本节通过北京温榆河公园和元大都城垣遗址公园的案例，呈现了两种形态滨水绿地的植物景观。北京温榆河公园案例强调了多功能性，介绍了植物选择和空间设计；元大都城垣遗址公园案例则突出了历史文化背景，展示了植物景观的特色设计。这两个案例分别代表了面状和带状滨水绿地，旨在引导读者从实际项目中学习，拓展其对不同形态滨河绿地的植物设计思路。

任务 4　乡村植物景观设计

工作任务

广东省云浮市某村落应乡村振兴的要求对该村落环境进行景观提升改造。

知识准备

乡村是具有自然、社会、经济特征的地域综合体，兼具生产、生活、生态、文化等多重功能，与城镇互促互进、共生共存，共同构成人类活动的主要空间。实施乡村振兴战略是建设美丽中国的关键举措。乡村景观建设是乡村振兴中人居环境整治的一项重要内容，植物是乡村景观的构成要素之一，是最具有生命力和多样性的景观元素。乡村植物是指乡村中自然分布和人工长期栽培的植物种类的总和，是和当地村民长期共存，相互影响、相互作用，并能满足乡村居民日常生活需求、休戚相关的一类植物。乡村植物具有适应性强、管护容易、地方特色显著、生态屏障等特性。

【拓展知识】美丽中国与乡村振兴

一、乡村与乡村景观

乡村在《现代汉语词典》中的解释是"主要从事农业、人口分布较城镇分散的地方"，是描述我国社会区域的一个基本概念。乡村既是人类聚居环境的基本细胞，也是中国绝大部分人口的主要聚居地区。目前对于乡村景观尚没有统一的定义，一般认为它由自然环境、人文景观所构成，是人类文化与自然环境高度融合的景观综合体，并具有生态、经济、美学、娱乐和空间五大价值属性。相对于城市景观，乡村景观具有受人类干扰强度较低、土地利用粗放、人口密度较小等特征，是世界上出现最早、分布最广的一种景观类型。乡村景观介于城市景观与纯自然景观之间，具有生产性、自发性、地域性的特点，会随地域的自然地理特点、人文特点的变化而变化。根据其特点，乡村景观可大致划分为自然景观、生产景观和聚落景观三种类型（表 3.4.1）。

表 3.4.1　乡村景观类型与组成要素

乡村景观类型	组成要素
自然景观	气候、水体、土地、植被、动物等
生产景观	农田、林地、生产用具、生产场所等
聚落景观	乡村民居建筑、街道、广场、公园、文化场所等

二、乡村植物景观

乡村植物景观是指通过对乡村植物进行科学的、艺术的结合营造出来的，能够表达乡村地域文化特征的植物景观，它有相对较强的自然属性、良好的自然生态基底，人工干扰程度较

· 135 ·

低，与城市植物景观的根本区别在于其生产性、自然性及植物景观特有的田园意境。

1. 乡村植物景观特征

（1）自然性。乡村植物都自由生长、自我更新，较少有"人工味"，较多是在大自然的作用下形成的稳定群落，呈现出自然、野趣的田园意境。乡村植物群落结构不像城市植物群落那样能够清楚地看出植物的结构及层次，呈现出层次少的特点。在乡村植物景观中一个稳定的群落可能是一片草丛，也可能是一片山林、一望无际的稻田，是一种毫无人工修饰的植物群落，是自然、野趣、田园式的景观（图 3.4.1）。

图 3.4.1 充满自然性的乡村植物景观

（2）生产性。从人与植物相互作用开始，植物就打上了生产性的烙印。生产性是乡村植物的重要属性，随着生产性转变为经济效应，乡村中生产性植物与村民的关系越来越紧密。时至今日，乡村中植物的生产性仍然占有重要地位。大片的生产性农田与经济林地，宅院中挂满果实的果树，都体现了乡村丰收的意境美（图 3.4.2）。

图 3.4.2 乡村中生产性植物景观

（3）地域性。乡村植物是"活"的乡村历史，这不仅是外界因素对乡村植物发展的影响，在一定程度上也作为乡村地域文化的载体，寄托了村民的情感及思想意识（图 3.4.3）。

图 3.4.3　婺源乡村中具有地域性特色的秋景

（4）多样性。乡村景观中最具有多样性的要素就是植物景观，植物种类多样，乡村环境差异较大，呈现的乡村景观多样复杂。乡村植物可以生长在乡村中水边、路边、桥边、建筑边等任何可以生长的地方（图 3.4.4）。

图 3.4.4　复杂多样乡村景观

2. 乡村植物景观现状

（1）植物种类单一，缺乏多样性。目前，乡村植物景观设计中对于植物种类的选择过于单一，实际上乡村植物的景观群落是十分丰富的。在部分乡村植物景观营造中，由于个别设计师和建设单位对于植物景观不够重视，忽视了植物的群落关系，导致植物种类单一，缺乏多样性。

（2）乡村景观植物配置城市化。乡村植物景观配置模式城市化严重，植物群落结构过于精致，不够自然野趣，缺乏乡村景观质朴的韵味。与城市相比，乡村有其特色的朴野精神和文化底蕴。不同的乡村民俗文化各有特色。景观建设应选择与之相对应的植物材料和配置方式。但实际应用中为了求美、求新，过分追求城市化的植物景观，忽略原有的乡村文化特色，致使乡村植物景观特色逐渐消亡。

（3）千村一律，特色缺乏。在乡村植物景观设计中，多打着"乡土人情、古色古香"的名义将乡村内建筑、广场、告示牌等基础设施进行简单的修缮，打造白墙青瓦的古风效果，但缺少植物修饰，只注重表面的乡村化，失去传统乡村自然风貌。另外，一些乡村内没有利用特有的地形地貌进行植物造景，导致乡村植物景观失去灵魂。

（4）后期维护成本高。在乡村植物景观设计中大量运用后期需要修剪和养护的植物，维护成本高，背离了乡村原有的自然野趣特点。

3. 乡村植物景观设计

（1）乡村植物景观设计原则包括以下四项。

1）乡土性原则。顺应乡村原始地形风貌、山水格局，运用乡土植物，采用与乡土场所特性相协调的种植形式，构建乡土植被群，进而形成多样化的乡土植被景观。同时，应充分了解当地民俗风情、地域文化，尊重历史文脉，在植物景观建设中保证乡土文化的存续和发展。我国的植物文化源远流长，在不同地域文化下，相同的植物被赋予不同的意义。因此，在植物景观设计时，要充分结合当地的文化、民风、民俗。正所谓要尊地脉、续文脉，要望得见山、看得见水、记得住乡愁。

2）生态性原则。乡村景观的特点之一是自然，自然的植物景观体现着生态和谐性。在乡村植物景观建设中应优先考虑生态环境的保护和生态资源的合理开发利用，保护乡村现有的林、田、湖等自然斑块，保留或种植当地植物，将人工景观和自然景观有机融合。

3）功能性原则。现有的乡村景观自发地形成了斑块、廊道、基质的形态，即不是营造纯粹的视觉景观，而要使人们的生活生产更方便、舒适。通过植物的形态、色彩、季相变化等美学特征，营造出优美宜人的乡村环境。运用不同的植物景观设计，可以形成丰富的景观层次和空间变化，为乡村增添自然、和谐的氛围。乡村植物景观不仅具有观赏价值，还具有一定的经济价值。发展特色果树种植、花卉种植等产业，可以增加农民收入，促进乡村经济发展。同时，植物景观还可以带动乡村旅游等产业的发展，为乡村经济注入新的活力。

4）社会性原则。充分考虑社会因素和社会影响，设计方案与乡村社会的需求、文化和价值观相契合，从而促进乡村社会的和谐发展。深入了解乡村的历史文化、地理环境和村民生活方式，确保植物景观的设计能够融入乡村的整体风貌，并满足村民的日常生活需求，同时需要广泛征求村民的意见和建议，让村民参与到设计方案的讨论和决策中来。设计也应该考虑到不同年龄、性别和能力的人群的需求，确保所有人都能享受到美好的乡村环境。在植物景观设计过程中，需要注重生态环境的保护和恢复，选择适应当地气候和土壤条件的植物种类，避免过度开发和破坏自然资源。

（2）乡村不同区域植物景观设计。与城市景观相比，乡村景观构成涉及的范围相对弹性、模糊，构成要素多样且丰富。包括乡村外部的农田、山丘、林地、湖泊、溪流，内部的街巷、河网桥梁、院落、场地，以及具体的房屋、家畜笼舍、菜园、水塘等，呈现出丰富的尺度和细节变化。乡村景观设计的尺度跨越较大，要兼顾形式与内涵，其内容大致可分为外围的农业生产植物景观、核心的村落植物景观和整体的生态环境植物景观三个层面。乡村植物景观灵活布置在这三个区域内（表3.4.2）。

表3.4.2 乡村植物景观区域界定

植物景观类型		界定原则
	农业生产植物景观	果林、苗圃、农田等具有农业生产性功能区域的植物景观
村落植物景观	村口植物景观	出入口的植物景观
	庭园植物景观	庭园内部及院墙外围的植物景观
	水岸植物景观	河流、池塘等水体沿岸的植物景观
	公共场地植物景观	为村民或游客提供休闲娱乐场地的植物景观
	道路绿地植物景观	道路沿线的植物景观
	生态环境植物景观	村落外围的植物景观

项目 3　园林植物景观设计案例分析

1）农业生产植物景观。农业生产植物景观一般包括村落周边的原有的农田、林地、菜地等。其景观本身就代表了田园的基本特性。农田的季节性变化，如春天大片的油菜花，秋天成熟的稻田、麦田这一类景观，是非常纯粹的。还有果林开花和成熟时候的景观及竹林、茶园这类的成片绿色的景观，加上人的活动，如采摘、放牧等，更构成生动的乡村人文景观（图 3.4.5）。这种人类周期性生产而创造的大地景观与农业生产规律密切相关。

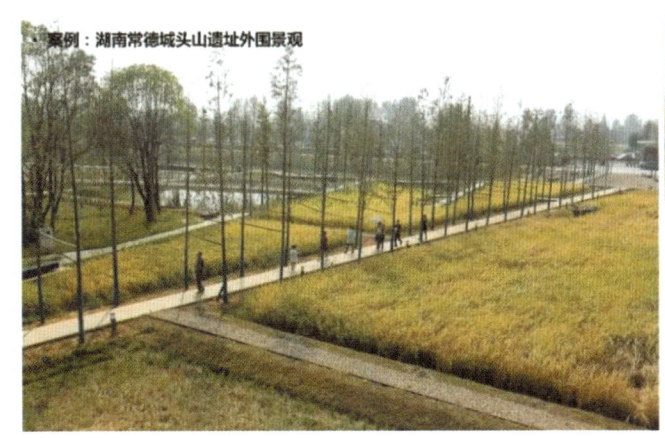

户外稻作博览园

一年两季、多品种的水稻在这里轮作。集生产性与实用性于一体的景观；水稻的收获、种植和管理的实际过程展现为一种体验式景观。

农田景观——稻田耕作体验

农田景观——花田观光摄影　　农田景观——果园采摘

图 3.4.5　农业生产植物景观

农业生产植物景观的设计方法应以保持原貌为主或适当进行格局优化调整，精心维护生产过程与体系。可以适当添加一些休憩设施，也可以展示现代农业技术，加强体验感，还可以进行一定形式上的设计强化，如很多地方流行的稻田大地艺术，某些位置和角度的呈现能带来强烈的视觉震撼。

2）村落植物景观。村落整体景观是指村落的构成肌理、界面和由此形成的整体形态、背景、轮廓。界面指的是各种建设单元与外环境衔接的部分，如建筑的外立面、院墙的外界面、溪流河岸的界面等。另外，村庄的外围边缘也构成重要界面，它带来从外部观看整个村落的感觉。村落在发展过程中与环境互动，加上它本身长期演化会形成一种肌理，由各种建筑、街道、水体、绿化、土地叠加而构成。传统的村落肌理、界面往往是统一中带有节奏、韵律的变化（图 3.4.6）。

①中国乡村经过几十年的发展，除了自然衰败和被拆除，也大量增加了新的建筑、构筑，其肌理、界面和整体轮廓都发生了极大的改变。乡村的整体景观设计要考虑历史与现状的结合，重点分析村落的整体是否跟环境融为一体，结合不同的地域与具体位置，如平原区、山地区、滨水区，提出不同的发展方案。

②界面景观的提升、改造也对整体景观面貌至关重要，尤其是在一些特殊地理环境下呈现

• 139 •

的界面，反映了人与自然的互动、呼应关系。在景观更新的过程中，应恢复乡村连续的界面，体现节奏及协调中的变化。结合界面也可以适当设置一些现代小品，或源于功能的需求，或展示村庄的历史文化。可以用艺术化的表达方式，结合建筑立面、围墙、挡墙、地面铺装等来处理。

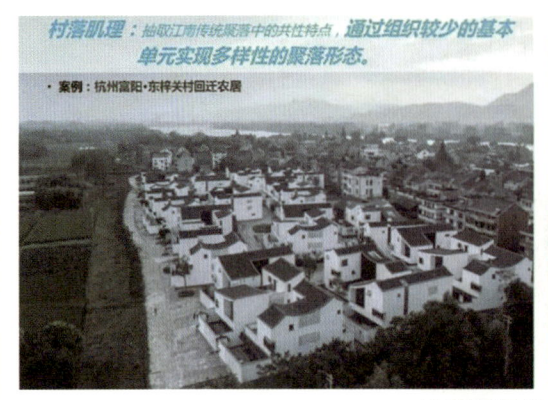

整体村落风貌——村落肌理

整体村落风貌——村庄界面

图 3.4.6　村落整体景观的肌理与界面

③村口绿地植物景观。传统乡村的场地往往位于村庄的入口和内部的祠堂前，目前许多村庄在村口和中心改造或增设小型广场（图 3.4.7）。这一类场地的景观设计需要小心把握其尺度与材料，避免过于城市化的效果。既不能过于空旷，又能让人们在这里停留休息和开展合适的活动。

图 3.4.7　村口文化广场景观

从地域文化导入：传统的村口标识牌坊、门楼等

· 案例：安徽棠樾村

图 3.4.7　村口文化广场景观（续）

村口植物材料的选择，以乡土植物为选择基础，选择生命旺盛、树形优美、有地域文化属性特点的植物材料，体现了乡村的文化精神，尽可能营造文化意蕴，展现人地关系的和谐美妙。

针对那些重新建设或搬迁的村庄，其场地设置可以比较集中、形式可以丰富多样。标识、宣传栏、廊架等小品构筑应结合村庄所在地的历史、文化来进行创新，努力寻找一种关联或脉络，而非所谓的符号。应从自然中寻找灵感，从历史中寻找来源（图3.4.8）。

· 案例：南京桦墅村

图 3.4.8　村口标识

④庭园植物景观。一般村落中都有大量住宅的附属院落，用作庭园、花圃甚至菜地，常常对外开敞，构成建筑与街道之间的过渡。庭园是与人们日常生活关系最紧密的空间，与村落其他绿地类型相比，庭园绿化可以更好地体现乡村植物景观。依据庭园大小及宅院类型来选择合适的绿化植物，在植物配置上注意乔、灌、草、花、果、蔬的结合。可以依据庭园的实际情况，结合村民意愿，考虑营造小花园型庭园、小菜园型庭园、小果园型庭园等形式。庭园的院墙、围墙可种植爬藤类蔬菜，或搭设葡萄架、花架等（图3.4.9、图3.4.10）。

⑤街巷景观。村落中的街巷是交通联系的空间，如同树干、树枝一样有主次和转折、宽窄变化，两边建筑及墙体构成连续变化的界面，地面铺装则引导视线不断延伸，许多地方还有过去保留下来的石板、卵石等材料。相应设计应尽量不拓宽老的街巷，车行通道可放到外围，在埋设管线时保护好原有铺装材料，可适当增加沿线绿化（图3.4.11）。

⑥公共游憩地植物景观。公共游憩地植物景观大致可分为健身活动空间植物景观和休闲

娱乐空间植物景观。对于健身活动空间，植物景观的营造要便于开展活动，因此适宜种植高大的落叶乔木，夏可遮阴，冬不遮阳；对于休闲娱乐公共空间的植物景观营造，植物景观要形式多样，丰富景观层次，形成开合有致的景观空间。

图 3.4.9　庭园绿化

图 3.4.10　庭园围栏/围墙绿化

图 3.4.11　村落街巷铺装与绿化

目前乡村大力建设各类运动健身场地，对这一类型设计尤其要非常小心，过大的运动健身广场会带来喧闹，其现代的形式、材料与一些传统村落环境也不协调。

3）生态环境植物景观。包括村庄内外部维护生态系统良好运行的各个要素，以自然环境要素如池塘、河流、山林、湿地为主。这一类景观设计不仅要维护原有生态，还要促进其良性的循环，恢复被破坏的多样复合系统。在一些自然边界上可以布置少量游憩设施，如亲水平台、山边栈道，但不应破坏水体、山体，只需铺设自然材质的步道，适当设置一些观赏点，而且要尽量减少对动物的干扰（图3.4.12）。

图 3.4.12　村庄外围植物景观

（3）乡村植物景观营造建议有以下六点。

1）以乡土树种为主，营造针叶、阔叶植物群落结构景观。北方的乡土植物以针叶树、落叶阔叶树为主，南方则以常绿阔叶植物为主，棕榈科植物是热带地区的乡土特色树种，通过植物形象和植物文化，对地域特色园林景观进行营造。

2）农作物与观赏植物相结合，充分展现乡村风貌。在植物景观设计中，应充分尊重和利用农作物，将其作为景观的基底，展示乡村的田园风光和农耕文化。观赏植物的选择应考虑到其与农作物的色彩、形态、季相变化等方面的对比与呼应，以形成丰富的视觉层次和景观效果。同时，观赏植物的种植位置、数量和方式也应与农作物布局相配合，避免相互干扰，确保景观的整体性与和谐性。在结合农作物与观赏植物时，可以运用一些设计手法和技巧。例如，可以利用农作物与观赏植物的色彩对比来增强景观的视觉效果；通过农作物与观赏植物的形态搭配来营造丰富的空间变化；还可以利用农作物的季相变化与观赏植物的常绿特性相结合，以形成四季有景、季相分明的乡村植物景观。为了充分展现乡村风貌，还需要注重植物景观与乡村其他元素的融合。例如，可以将植物景观与乡村建筑、道路、水系等相结合，形成具有乡村特色的景观节点和景观带。同时，也可以将植物景观与乡村文化、民俗活动相结合，通过植物景观的营造来传承和弘扬乡村文化。

3）注重季相色彩的变化，形成丰富多彩的乡村田园景观。植物景观设计注重植物季相色彩的景观营造，形成春花、秋色、夏景、冬韵的植物特色景观。春季观花树种有桃树、樱花、迎春、玉兰等；夏景主要有紫薇、杜鹃、荷花、栀子花等；秋色树种有红枫、银杏等；冬韵主要是落叶乔木树干萧瑟美、形态美，还有蜡梅、茶花的芬芳。整个植物造景营造出"李树、桃树迎春到""夏日荷花、紫薇红似火""秋季红枫别样红""冬季蜡梅吐芬芳"的乡村美景。

4）探索美丽乡村植物景观的"乡村符号"设计，乡村个性化发展。花、林、果、园等可以依据村民信仰、喜好、生活需求等栽植不同植物，形成景观主题各异的美丽乡村示范点。植物的选择充分考虑乡村的生态环境和土壤条件，选择适应当地生长的植物种类，如当地的特色花卉、果树等，以增强植物景观的乡村气息。植物配置和布局上，利用植物的高低、色彩、形态等特性，营造出丰富的空间层次和视觉效果。还可以在植物景观设计中融入一些创意元素，例如，可以利用废弃物品进行艺术化改造，制作成独特的景观小品；或者通过巧妙的设计手法，将乡村的传统元素与现代设计理念相结合，创造出既具乡村特色又富有现代感的植物景观。

5）多功能性复合业态发展，视觉感受升级动态体验。结合乡村的农业资源，发展观光农业、体验农业等新型业态。通过设计富有特色的乡村植物景观，吸引游客前来欣赏乡村美景、体验农耕文化、品尝农产品。

利用不同植物的色彩特点，营造出丰富多彩的视觉效果。通过季节性的植物更换和搭配，使乡村植物景观呈现出四季变换的美感，增强游客的视觉享受。在植物景观中设置一些互动体验项目，如采摘体验、农耕体验、植物迷宫等，使游客在参与互动的过程中亲身感受乡村植物景观的魅力，增强游客的参与感和体验感。

6）营造乡村田园野趣景观，展现宜居、宜业、宜游的美丽乡村。乡村植物景观是体现自然、原野的田园景观。目前，美丽乡村植物景观与城市园林植物景观如出一辙，为了区别于城市景观，在乡村植物景观营造中可积极引入乡土野生植物，结合植物配置原则，形成乡村原野景观。在乡村入口、公共空间、居民点等节点上，减少一、二年生草本植物的栽植，加大对野趣植物的利用，如玉带草、狼尾草、细叶芒、细茎针茅、芦苇、蒲苇等，营造乡村野趣氛围。

在乡村植物景观提升过程中，要坚持保护和保留当地的乡土植物，尤其是大乔木和古树，在此基础上，大力保育、培育乡土植物品种，构建地带性植被群落，体现乡村特征。乡村植物景观设计中最大的特点是将农作物与观赏植物相结合，充分展现乡村风貌，打造成独特之地、体验之地、静思之地、生态永续之地。

任务实施

一、前期资料收集

1. 项目背景

本项目是乡村植物景观提升改造工程，该村落位于广东省云浮市城区东郊，西与四劳镇相连，南与新兴县车岗镇相邻，北与肇庆高要区相交，地处云浮、肇庆两市交汇点，距云浮市区约 30 km，距新兴县城约 25 km，距肇庆市区约 25 km。

该村道设计范围东起 324 国道与 003 乡道交汇处，西至仙坑村道与 003 乡道交汇处，全长 5 km。云浮高龙围村道景观提升深化方案具体扫描右侧二维码。

2. 现状分析

地形地貌以农田、村庄和山间道路为主，规划区内现状公园绿地与广场比较缺乏，只有一处街旁绿地。道路周边原有绿化比较密集，绿地景观、资源相对丰富，但现状整合力度不足。

二、植物景观方案设计

1. 总体方案设计

总体方案设计结合当地传统人文文化和产业特色，打造具有传统中国园林文化的景观设计意向。

2. 植物设计目标及原则

（1）设计目标：融合现有乡村植物特色、凸显季节繁盛的景观印象、传承文化意蕴的景观节点。

（2）设计原则：宜人、融洽、文化。

三、植物景观施工图设计

前期方案阶段已确定主体植物，在全流程设计中，会在方案阶段之后进入初步设计阶段，初步设计会对植物方案进行细化，在总平面图上绘制设计地形等高线，现状保留植物名称、位置，设计的主要植物种类、名称、位置、控制数量和株行距。最后进入施工图阶段，在初步设计所标注的内容外标注工程坐标网格或放线尺寸，设计的所有植物的种类、名称、种植点位或株行距、群植位置范围、数量，在总平面上无法表示清楚的种植应绘制种植分区图或详图，若种植比较复杂，可分别绘制乔木种植图和灌木种植图，苗木表应包括序号、中文名称、拉丁学名、苗木详细规格、特殊要求等。图纸完成后，进行图纸编排，种植部分图纸编排包括种植说明、苗木表、种植分区索引图、各分区种植平面图。最后检查无误后打印出图。

在实践中，也有方案阶段直接到施工图设计阶段的项目，此类项目植物深化仍需根据前提条件推敲，将初步设计的工作包含到施工图设计中，施工图设计需要做到以下内容。

1. 绘图前的准备

（1）梳理设计依据。设计依据包括前期已确认的方案、建设方意见、场地相关条件图（现状植物图、综合管线图、景观底图）、设计规范等，根据这些依据着手施工图设计。

（2）确定图幅及出图比例。常规施工图出图比例为1∶500或1∶200，也可选择1∶300。根据本项目情况，选择1∶500的出图比例，图幅选择A2大小。此阶段根据绿地大小和出图比例进行分图，以控制后期出图时植物标注在相应的图纸上，避免图例和标注不合理的切割。

（3）确定苗木表。综合植物方案设计、植物地带适应性、投资性价比及市场供应情况，确定苗木种类、名称、规格等，明确基调树种、骨干树种及特色植物。在表中列出本项目选用的所有苗木种类、规格及相关要求，详见施工图。

（4）针对本工程的特殊性，为提高苗木成活率，确保绿化苗木栽植后一次成型，必须严格把握施工中每一道工序质量。

本工程苗木养护等级为一级养护，苗木养护期为2年，针对景观绿化工程特点作出如下单元划分（表3.4.3）。

表3.4.3 绿化工程单元划分

分部工程	分项工程	备注
绿化工程	整理绿化用地	
	苗木种植	重点分项工程

1）整理绿化用地。

①填土前，原地面道路土建施工垃圾及杂土清除10~30 cm。

②绿化表层土使用原地面清理出来的农作物种植土，但需将杂草、树根、石块等杂物清理干净，混拌有机肥或腐殖土。表层土也可使用黏土、棕黄壤或其他无板结的土壤，视肥力情

况加必需的肥土。

③表层土在15 cm内要求无粒径2 cm以上的石块或瓦砾、砖块等杂物；在30 cm内无粒径5 cm以上的石块或瓦砾、砖块等杂物。

④底层土和中间垫土需夯实，可用小型打夯机等机械设备，表层土用人工打夯或用园林器具拍实。

⑤绿化种植土以颗粒相对均匀，较细的有机质土为佳，绿化带种植土，地被植物应在30 cm以上，花灌木应在50 cm以上，乔木应在100 cm以上（表3.4.4）。

表 3.4.4　绿化种植土壤有效土层的厚度

次向	项目	植被类型		土层厚度 /cm
1	一般栽植	乔木	胸径 <20 cm	≥ 150（深根）
				≥ 100（浅根）
		灌木	大、中灌木，大藤本	≥ 90
			小灌木、宿根花卉、小藤本	≥ 40
		草坪、花卉、草本地被		≥ 30

2）苗木种植施工。

①拟建工程景观绿化工程主要施工内容有整理绿化用地，乔木、灌木及草皮种植。

②树种运至现场后，汽车起重机移动树木就位，人工开挖树穴种植，采用洒水车洒水养护。

③所有苗木按照设计要求进行采购，确保成活率。选苗标准及苗木种植按表3.4.5与表3.4.6执行。

表 3.4.5　苗木选择标准

序号	项目		质量要求
1	乔木、灌木	姿态和生长势	1. 树冠饱满，树干挺直优美，无断枝； 2. 无机械损伤和明显缺陷； 3. 苗木的干径、高度、蓬径等规格性状充分满足设计要求； 4. 长势健壮良好
		病虫害	进场苗木无病虫害
		土球	土球直径为苗木树径的7～10倍，土球厚度为土球直径的3/4
2	水生植物		1. 优先选用多年生、生长健壮的优质苗木； 2. 须根发达，生长健康，无病虫害； 3. 叶片均匀分布、排列整齐、色泽正常，枝叶观赏性好
3	灌木及地被		1. 优先选用多年生、生长健壮的优质苗木； 2. 须根发达，生长健康，无病虫害； 3. 观赏植物花色丰富，持续时间长； 4. 观叶植物枝叶观赏性好，叶片分布均匀、排列整齐、色泽正常
4	草坪		1. 使用草坪不得褪色、发黄； 2. 草皮卷宽度一致，可统一控制在30 cm左右，误差为 ±1 cm； 3. 不裸露，无杂草和病虫害

表 3.4.6　苗木种植

序号	项目		种植方法措施
1	乔木		1. 带土球苗木包扎的草绳较多时，应在种植时将土球稻草或草绳去掉，以避免日后腐烂发热而影响树木成活、生长； 2. 栽种树木保证适宜的深度，种植时先要在穴中填入松土至适当高处，再将树木放入，填土充实与周围的土面平齐后，用泥土在树木的四周围一圈，土要高出土面 10 cm 左右
2	灌木	种植顺序	1. 先外后内，对外围灌木外低内高； 2. 高矮不同品种混植时，先矮后高
		种植方法	1. 采用品字形种植，栽植后立即踩实； 2. 保证线条流畅整齐，密度一致美观； 3. 外围的灌木种植后呈龟背形，种植时需注意苗木向阳面方向统一
		栽植距离	1. 距离以相邻苗木冠幅大小来决定； 2. 色彩均匀、高度协调
3	水生植物		1. 先外后内，外低内高； 2. 高矮不同品种混植时，先矮后高； 3. 采用品字形种植，栽植后立即踩实； 4. 保证线条流畅整齐，密度一致美观
4	草坪		1. 草皮铺种时应平整、衔接整齐，与灌木交接处应清晰、顺畅； 2. 根据设计要求采用满铺法，由外向内铺； 3. 相邻草坪缝隙不超过 1 cm，相邻缝要错缝相接，相互挤压

（5）在 AutoCAD 中设置图层、制作图块。

1）图层：现状植物图层、移植植物图层、常绿乔木层、落叶乔木层、亚乔木层、灌木层、地被层。

2）图块：根据苗木表确定绘图图块。

2. 方案深化设计

结合场地竖向及道路设计等细化植物空间。

首先落位现状保留植物的位置，根据方案整体设计，细化植物布局和层次结构。细化各分区及重要节点的植物设计，综合考虑植物与其他景观元素的关系。

3. 图纸绘制

整理底图；确定草坪线分区域；确定主要植物；细化设计及标注。

4. 苗木量统计

绘图完成后，统计苗木清单，并核对与初步设计的工程量差异，要控制在投资允许的范围以内。

5. 种植说明编写、布图

（1）种植说明：该部分图纸在施工图阶段主要列举指导施工的控制条件及相关意见，旨在把控按图选苗施工，做好图纸和落地的衔接，力求落地后达到最佳的景观效果。

（2）布图：与园建图纸的总图分区一致，根据本项目情况，种植分区图分为乔木种植图、灌木种植图和地被种植图。

6. 图纸编排及打印出图

本项目种植部分包括种植说明、苗木表、种植分区索引图、各分区种植平面图。考虑整个项目的出图情况，把种植部分放在总的图纸目录之中，最后按图纸份数要求打印出图。

云浮高龙围村道景观种植施工图

拓展训练

一、知识测试

（一）填空题

1. 乡村由_____、_____所构成，是人类文化与自然环境高度融合的景观综合体，并具有_____、_____、_____、_____和_____五大价值属性。
2. 庭园植物景观在植物配置上注意乔木、_____、_____、_____、_____、_____的结合。
3. 村落植物景观由_____植物景观、_____植物景观、_____植物景观、_____植物景观、_____植物景观构成。
4. 农业生产景观一般包括_____、_____、_____等。
5. 乡村景观可概况划分为_____、_____和_____三种类型。

（二）单选题

1. 乡村植物景观与城市植物景观的根本区别在于（　　）。
   A. 生产性特有的田园意境
   B. 生产性和自然性特有的田园意境
   C. 自然性和植物景观特有的田园意境
   D. 生产性、自然性及植物景观特有的田园意境
2. 在乡村植物景观中一个稳定的群落可能是（　　）。
   A. 人工林　　　　　　　　　　　　B. 人造湖水
   C. 一片草丛　　　　　　　　　　　D. 种植的稻田
3. 为了区别于城市景观，在乡村植物景观营造中可积极引入（　　），结合植物配置原则，形成乡村原野景观。
   A. 乡土野生植物　　　　　　　　　B. 适生植物
   C. 外来植物　　　　　　　　　　　D. 乔灌木
4. 在乡村入口、公共空间、居民点等节点上，减少（　　）草本植物的栽植。
   A. 球根　　　　　　　　　　　　　B. 一、二年生
   C. 宿根　　　　　　　　　　　　　D. 多年生

（三）多选题

1. 乡村植物景观的特征包括（　　）。
   A. 自然性　　　B. 生产性　　　C. 地域性　　　D. 多样性
   E. 协调性
2. 乡村植物景观设计原则有（　　）。
   A. 乡土性原则　B. 生态性原则　C. 功能性原则　D. 社会性原则
   E. 原生性原则
3. 公共游憩地植物景观大致可分为（　　）。
   A. 健身活动空间　B. 公园绿地　　C. 休闲娱乐空间　D. 生产绿地

4. 乡村植物景观营造建议有（　　）。
　　A. 以乡土树种为主，营造针叶、阔叶植物群落结构景观
　　B. 农作物与观赏植物相结合，充分展现乡村风貌
　　C. 探索美丽乡村植物景观的"乡村符号"设计，乡村个性化发展
　　D. 营造乡村田园野趣景观，展现宜居、宜业、宜游的美丽乡村
　　E. 多功能性复合业态发展，视觉感受升级动态体验

二、技能训练

1. 在所在地区选择一个乡村，以小组为单位，调查该地区的相关背景资料（包括乡村地理位置、分布情况，人口现状等）及植物配置情况，分析总结该乡村植物景观特点，将分析结果汇总成分析报告，提交报告并进行课堂汇报。

2. 根据调研分析结果对该乡村提出优化方案，重点突出植物景观专项方案，制作方案汇报文件，以小组为单位，提交文件并进行课堂汇报。

3. 深化植物景观方案，形成初步设计文件（细化植物种类、名称、规格等），每人提交1份初步设计文件（CAD 及 PDF 格式）。

4. 优化调整初步设计文件，最终提交一套完整的种植施工图（含种植说明、苗木表、植被放线图）。

作品赏析

乡村因地域、文化差异而呈现多样复杂性，本节选用四个乡村植物景观案例作为前述案例的补充，旨在通过赏析加深对乡村植物景观的理解，在乡村振兴中要尊重中国乡村的多样性、丰富性、差异性和复杂性，避免乡村对城市的简单模仿，在乡村植物景观方面体现乡村的地域特色，使多元、独特的乡村地域文化得到真正的保护、传承和发展。

乡村植物景观案例赏析

任务 5　花境设计

工作任务

项目地块位于山东省临沂市河湾公园内花境展示区，设计面积约为 60 m²，以"齐风鲁韵·花漾山东"为主题，结合场地现状，打造独具匠心、特色浓郁、多姿多彩的花境景观。

知识准备

一、花境的概念

花境是模拟自然风景中野生花卉自然生长的规律，运用艺术提炼的造景手法，选择多年

生花卉和灌木为主要材料,以自然式种植于林缘、草坪、路畔等场所,从而达到平面、立面、色彩、季相景观上均衡、自然、和谐、符合美学和生态原理的一种植物造景方式。花境既可以欣赏植物个体美,又能够感受植物组合的群落美;花境应用场景丰富,符合生物多样性的要求,实用功能强,因此其是园林应用中一种重要的形式。

二、花境的类型

花境的形式非常丰富,可以根据植物材料、观赏角度、生长环境、功能等方面分成不同的类型。

1. 根据植物材料分类

(1)宿根花卉花境。宿根花卉花境是指所用的植物材料全部由宿根花卉组成的花境。宿根花卉具有种类多、适应性强、栽培简单、繁殖容易、群体效果好等优点。宿根花卉在花期上具有明显的季节性,而且无论是花朵还是株形都保留了浓郁的自然野趣(图 3.5.1)。

(2)一、二年生草花花境。一、二年生草花花境是指植物材料全部为一、二年生草本花卉的花境。其特点是色彩艳丽、品种丰富,从初春到秋末都可有美丽的景色,但是冬季植物会凋零。很多一、二年生草本花卉具有简洁的花朵和株形,具有自然野趣,非常适合营造自然式的花境(图 3.5.2)。

图 3.5.1　宿根花境　　　　　　　图 3.5.2　一、二年生草花花境

(3)球根花卉花境。球根花卉花境是指由各种球根花卉组合而成的花境。球根花卉花期主要在早春或初夏,观赏期较短。因为球根花卉本身储存有养分,所以,栽植后到开花这个期间养护管理较为简便。但是多数球根花卉花期较短并相对较集中,进入休眠期后则显得有点落寞。在营造花境时,可以通过选择多个品种及同一品种不同花期的类型来延长观赏期(图 3.5.3)。

(4)观赏草花境。观赏草花境是指由不同类型的观赏草组成的花境。观赏草茎秆姿态优美、叶色丰富多彩、花序五彩缤纷,植株随风飘逸,能够展示植物的动感和韵律。观赏草种类繁多,从叶色丰富到花序多样,从粗犷野趣到优雅整齐,从株形高大到低矮小巧,因此应用起来形式多样(图 3.5.4)。

(5)灌木花境。灌木花境是指由各种灌木组成的花境。灌木一旦种下可保持数年,但是其体量较大,不像草本花卉那样容易移植,因而在种植之前要考虑好位置和环境因素。灌木花境具有稳定性强、养护管理简便且费用低等特点(图 3.5.5)。

很多灌木因其芳香的花朵和美丽的果实,能够吸引蜜蜂、蝴蝶等昆虫和鸟类等动物,为它们提供食物和栖息地,从而能够营造出更加和谐的生态环境。

项目3　园林植物景观设计案例分析

图3.5.3　球根花卉花境　　　　　　　　　图3.5.4　观赏草花境

（6）混合花境。混合花境是指由多种不同种类的植物材料组成的花境。混合花境通常以常绿乔木和花灌木构成基本结构，配置适当的耐寒宿根花卉、一、二年生草花、观赏草、球根花卉等，形成美丽的景观。根据观赏要求的不同，每种植物材料所占的比例有所不同。总体来说，在一个标准的混合花境中，宿根花卉通常是主体，应占据1/2甚至更多的空间；乔木、灌木用来形成一个长久的结构，约占1/4～1/3；少量而精致的观赏草会成为花境中的视觉焦点；球根花卉和一、二年生草花则用来丰富色彩并弥补宿根花卉花期上的空当（图3.5.6）。

图3.5.5　灌木花境　　　　　　　　　　　图3.5.6　混合花境

2. 根据观赏角度分类

（1）单面观赏花境：指供观赏者从一（单）面欣赏的花境。通常位于道路附近，以树丛、绿篱、矮墙、建筑物等为背景。单面观赏花境一般呈长条状或带状，边缘可以为规则式也可以为自然式；从整体上看种植在后面的植物较高，前面较低，边缘应该有低矮的植物镶边。这是一种较为传统的花境形式，应用范围非常广泛（图3.5.7）。

（2）双面（多面）观赏花境：指可供两面或多面观赏的花境。这种花境多设置在草坪中央或树丛之间，边缘以规则式居多；通常没有背景，中间的植物较高，四周或两侧的植物低矮，常常应用于公共场所或空间开阔的地方，如隔离带花境、岛式花境等（图3.5.8）。

（3）对应式花境：指通常以道路的中心线为轴心，形成左右对称形式的花境，常见于道路的两侧或建筑物周围。对应式花境通常为一组连续的景观，往往能够令人产生深远的感受，如果在路的尽头即视觉焦点处有一些漂亮景致，如一座雕塑、一棵株形美丽的大树或更远处别致的景观，则会给人留下更加深刻的印象（图3.5.9）。

图 3.5.7　单面观赏花境　　　　图 3.5.8　双面观赏花境　　　　图 3.5.9　对应式花境

除此之外，根据花色不同还可分为单色花境、双色花境、混色花境。根据功能不同可分为路缘花境（图 3.5.10）、林缘花境（图 3.5.11）、隔离带花境（图 3.5.12）、岛式花境、台式花境、立式花境和岩石花境。

图 3.5.10　路缘花境　　　　图 3.5.11　林缘花境　　　　图 3.5.12　隔离带花境

三、花境特点

花境这一形式与传统的花卉应用方式如花坛、花带等相比，具有以下特点。

（1）植物选材品种丰富。在营造混合式花境时会选用多种植物材料，如一、二年生花卉，球根花卉，观赏草，花灌木、生长缓慢的小乔木等，充分体现植物的多样性。丰富多彩的植物种群还会吸引众多其他生物，形成一个和谐的小型生物群落，对改善城市环境具有重要的生态意义。

（2）花境呈现自然景观之美，展现植物的季相变化。花境将植物按照高低错落，疏密有致形式进行种植，凸显丰富的色彩和层次，形成自然、和谐、令人身心舒畅的景观效果。花境的植物会随季节的变化而改变颜色、形态，在小环境中感受四季轮转的变化，这是花境的迷人魅力所在，也是花境有别于花坛、花带的特点。

（3）花境的类型、功能多样，应用场景广泛。花境栽植在林缘、绿化带、草坪中、绿篱旁、建筑物前等处，以带状排列。以乔灌木为背景可以做成林缘花境；在道路中间可做成隔离带花境；在交通环岛可以设置岛式花境；还可以根据季节、色彩等做成多种不同主题的花境。此外，在形状上可以是规则式，也可以是自然式；从观赏角度上可以是单面观赏，也可以是双面观赏。设计者可以根据具体的地形和环境做成各种类型的花境，这是传统的花卉应用形式所不能比拟的优势。

（4）花境的观赏期长，养护管理相对粗放。常见的混合式花境由于植物材料丰富，在进行植物设计时，考虑植物的开花时间，做到植物花期相互衔接补充，配以观叶植物的应用，使其观赏期较长，我国北方地区可以做到三季有景可观赏。同时，在花境植物中多选用宿根花卉，使得花境的养护管理相对粗放，一般花境种植后可维持 3～5 年，相较于由一年生草花组成的花坛、花带，不仅景观更加丰富，而且节约成本。

四、花境植物选择

植物是花境中最重要也是最基本的要素，植物的四季景观及本身的形态、色彩、芳香、丰姿等无不给人以感官的享受。在植物选择时候应该遵循以下原则。

1. 从植物生长适应性考虑

在选择植物材料时，要考虑到所用植物是否适合种植环境，如该植物是喜阳还是喜阴，耐旱还是喜湿。在了解了植物的习性后，因地制宜地进行选择，尽量选择易于养护的乡土植物，才能达到较好的花境效果。选择花期较长的植物可减少换花次数。

2. 从造景角度考虑

花境主要通过各种外轮廓不同的植物搭配而成，所以植物本身应具有较高的观赏价值。每种植物要能表现花境中的竖线条景观或水平线条景观、丛状景观或独特花头景观。花境植物选择时注重植物的高低错落，在高度上要有一定要求。

五、花境设计

在营造花境之前首先要了解花境建设的目的，明确营造花境是为了填充空地，增加观赏性；还是为了分割道路，组织交通；或是为了食用。在了解营造目的之后才能确定花境的风格和形式，选择种植地的大小、形状及适宜的植物材料来达到所要的效果。但无论是何种花境，在设计时都要注意以下六个方面。

1. 设计前的调研分析

环境与植物的生长有着密切的联系，它能影响到植物的存活、生长，所以了解环境因素对花境的营造十分必要。设计前应主要分析该地的气温、降雨量与湿度、海拔，以及形成的小气候，光照强度与光照长度，土壤的酸碱度、肥沃度、排水性，风向等环境因素（图 3.5.13～图 3.5.16）。

图 3.5.13　耐水湿花境

图 3.5.14　耐旱花境

图 3.5.15　喜阳花境

图 3.5.16　喜阴花境

2. 色彩设计

花境色彩主要由植物的花色和叶色来体现，宜根据不同场地和季节选择适宜的色彩来体现设计意图。在较小的空间里设计冷色系花境可给人以空间扩大的感觉，在较大的空间设计暖色系花境可以拉近人与花境的距离。对于单色系花境，一般是为表现某一特定类型植物而设计的（图 3.5.17）。类似色花境通常可以表现某种特定色彩设计主题，也会用于花境局部的配色（图 3.5.18）。多色花境是最常见的配色模式，设计时要避免杂乱无章，一般以 5～10 种植物为宜（图 3.5.19）。

图 3.5.17　单色花境设计　　　图 3.5.18　类似色花境设计　　　图 3.5.19　多色花境设计

在花境设计中常用的色彩搭配方案有以下六种（图 3.5.20）。

（1）补色搭配：互补色又称为对比色，是指色环上相对位置上的两种颜色，两种颜色搭配在一起，可以打造出活泼的视觉效果，特别是在颜色的饱和度比较大的情况下。

（2）三角对立色搭配：采用三角对立色进行花境色彩的搭配时，可以在维持色彩协调的同时，营造出强烈的对比效果。无论是采用饱和色还是淡色，这种搭配都能营造出生机盎然的效果。

（3）类似色搭配：选择色环上相邻的 2～5 种颜色进行搭配，一般选用 2～3 种。可以打造出一种既平和又可爱的色彩印象。

（4）分裂补色搭配：这种搭配方式是由补色搭配变形而来的。选定某主色之后，选择色环上与它的补色相邻位置上的两种颜色与之进行搭配。此种搭配既有对比，又不失和谐。如果对使用补色搭配没有太大把握，可以使用这种方案代替。

（5）四组色搭配：选定主色及其补色之后，第三种颜色可以在色环上选择与主色相隔一个位置的颜色。最后一个颜色选择第三种颜色的补色，在色环上正好形成一个矩形。

（6）正方形配色：利用色环上四等分位置上的颜色进行搭配。采用这种方案，色调各不同但又互补，可以营造出一种生动活泼的视觉效果。

3. 季相设计

季相设计是花境的主要特点之一，季相是动态的、演变的，一年四季呈现出不同的景象，每个季节各有特点。持久的观赏期一直是花境设计师所追求的。花境应四季有景，在较寒冷地区应做到三季有景。在一个完美的四季观赏花境中，人们应该可以欣赏到春叶、夏花、秋果、冬干等不同的季节景观，从而感受植物生长和季节变化所产生的独特美感。

宿根花卉和球根花卉虽然在花期上没有一、二年生草花长，但是它们可以数年开花而无须更换。在设计时，可以将常绿的地被植物与宿根花卉和球根花卉种在一起，在宿根花卉和球根花卉的花期过后，地被植物能够弥补其空缺，以保持花境的观赏效果。

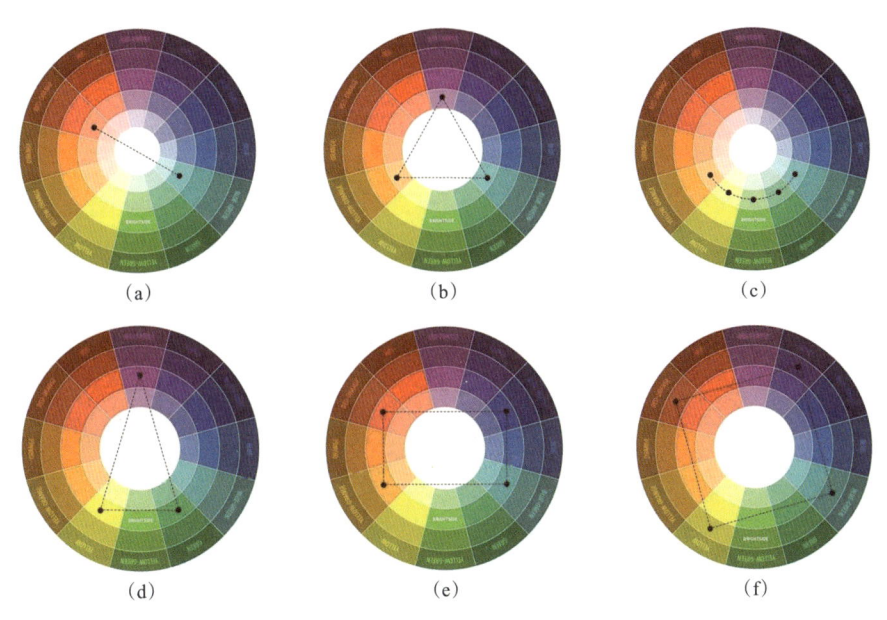

图 3.5.20　花境常用的配色方案

(a) 补色搭配；(b) 三角对立色搭配；(c) 类似色搭配；(d) 分裂补色搭配；(e) 四组色搭配；(f) 正方形配色

考虑到景观的连续性，开花的植物应分散在整个花境中，避免局部花期过于集中，使整个花境看起来不协调，影响观赏效果。花期的连续性取决于种植地的气候、土壤类型等条件，同一品种的植物在不同环境条件下，花期会有所改变。因此，应该详细了解植物在种植地环境下的准确花期，这样在进行设计时才会更加完美，从而达到理想的效果。

花境植物的季相观赏特点与推荐和季相设计如下（表 3.5.1、图 3.5.21）。

表 3.5.1　花境季相观赏特点与推荐

季节	观赏特点	植物推荐
春季	色彩清新、淡雅的中小型花卉带来早春的勃勃生机	郁金香、水仙、风信子等球根花卉；报春花、三色堇等草本花卉；迎春、榆叶梅等春花灌木
夏季	色彩斑斓、品种丰富的各种草本花卉体现夏季的绚丽多姿	矮牵牛、百日草、波斯菊等一年生草本花卉；金鸡菊、松果菊、萱草、荆芥等多种宿根花卉
秋季	花序各异的观赏草在秋风中摇曳，别具风情；变化的叶色突出了季节的变换	紫菀、菊花、景天、假龙头等宿根花卉；狼尾草、蒲苇等观赏草；鸡爪槭、黄栌等变色树
冬季	鲜艳的果实和美丽的树干成为冬季独特的风景	金银木、枸子等结果灌木；红瑞木、白皮松等观干植物
四季	常绿植物及彩叶植物，能在全年为花境提供一个稳定的结构和色彩基调	桧柏、云杉等各种针叶树；黄杨、冬青等常绿灌木；小叶扶芳藤、过路黄等常绿地被；金叶接骨木、紫叶小檗、红叶石楠等彩叶植物

4. 平面设计

花境从平面上看是沿着长轴方向演进的、呈带状的自然式种植，带状两边是平行或近于平行的直线或曲线。花境在平面上是一个连续的构图，每个植物品种以组团的形式种植在一起，整个花境由多个组团形成。组团的大小、数量有所变化，组团间应衔接紧密、疏密得当，形成自然组合的状态。

· 155 ·

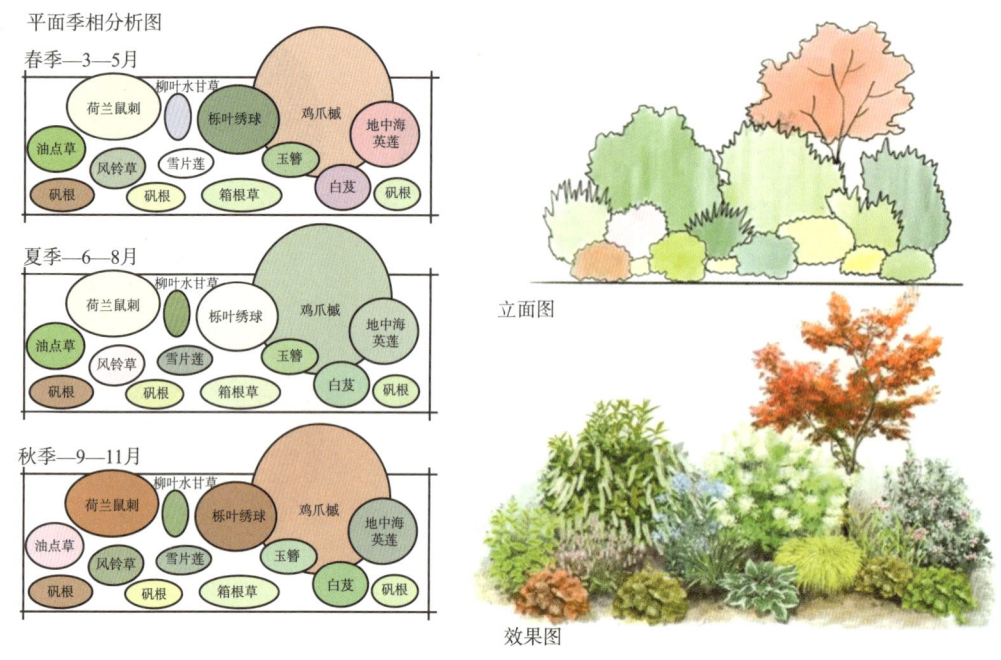

图 3.5.21 花境季相设计

植物品种多少不一，由花境的大小及类型等决定。若花境面积较小，则植物品种不宜过多，否则会显得杂乱。开花的植物在花境中应该分布均匀，主要花材在必要时可以重复出现在不同位置。花境的长轴较长，在进行平面设计时可以分段进行，再组合成一个连贯、完整的花境。

花境平面布置分为色块式布置和群落式布置两种形式。色块式布置即以某几种花卉植物以色块形式进行营造，常以红、黄、蓝这三种色系作为主色系。其特点是色彩鲜明，容易烘托出氛围，施工及后期养护难度不大。群落式布置即模仿大自然野花群落模式进行花境打造，风格相对野趣，色彩缤纷（图 3.5.22）。

图 3.5.22 花境平面布置形式
（a）色块式花境；（b）群落式花境

5. 花境立面设计

花境设计最注重立面景观效果，主要通过各种植物材料的高度变化及株形轮廓的合理搭配形成丰富错落的景观。立面是花境的主要观赏面，在进行立面设计时要考虑观赏角度问题，对于单面观赏的花境，种植在后面的植物应该较高，前面的则较矮，以避免相互遮挡而影响观赏效果。在岛式花境中，较高的植物要放在中间，低矮的放在四周，起伏有序。

花境从立面上看应该层次分明、错落有致、富有变化。花境可分为三层，即前景、主景、背景，也可分为近景、中景、远景。相对而言，中景的位置宜于安放主景，远景或背景是用来衬托主景的，而前景是用来装点画面的。无论远景与近景或前景与背景，都能起到增加空间层次的作用，使花境景观丰富而不单薄。

整个花境中植物应高矮有序，相互映衬，尽量展示植物自然组合的群落美。植物依种类不同，高度变化较大，宿根花卉高度基本为 0.3～1.5 m。所以，合理运用植物高度在花境的立面设计上起着重要的作用。种植一些高大的植物要经过认真考虑，因为它们的位置通常会影响到整个花境的立面效果（图 3.5.23）。

图 3.5.23　花境的立面的设计

6. 花境种植设计

花境设计者应该充分了解各种植物的外部特征与生活习性，包括同一种植物在不同生长时期的状态。花境设计中不仅要考虑到植物的生态条件，还要兼顾它的观赏特性；既要考虑到植物的自身美，又要顾及植物之间的组合美，以及植物与周边环境的协调美，同时还要重视具体栽植地点的各种条件。在进行种植设计时应考虑以下四个方面。

（1）种植形式。花境中的植物一般都以组团的形式种植。即每个品种种植成一个团块，品种之间可以看出明显的轮廓界限，但是不应有过大的间隙，整个花境由多个品种的组团结合在一起，形成一个整体。在组团中，小型和中型的植株适宜三、五株组合成丛状种植，植物奇数的组合往往比偶数的组合更容易形成好的效果。而高大、丰满的植株则可以单独种植，以形成焦点和对比。矮小的和高大的植物可以成排种植，以起到镶边或背景的作用。在野花花境中，各种植物通常混种在一起，这样更具有野趣和自然气息（图 3.5.24）。

（2）生活习性。生活习性是指植物适宜生长的各种条件，包括对光线、水分、肥力等的要求，以及生长速度、休眠时间等。挑选植物材料时应先考虑是否适宜环境生长，然后才是个人的喜好。在同一个花境中的植物，其主要生长习性应该一致，这样不仅养护管理简便，而且有利于植物之间的相互协调和观赏特性的充分展示。

（3）株形。株形即植物的外部整体形态。在进行种植设计时，植株的形态应是重点考虑的因素之一。植株的形态基本上可以分为圆锥状、球状和扁平状三种。圆锥状的植株多直立生长，具有尖的或圆锥形的花序。尖的或长条状叶子的植物，如西伯利亚鸢尾等，能够打破水平的线条，加强垂直的空间感；圆锥形的花序如蜀葵、鼠尾草等，可以令花境的立面高度得到提升。球状的植物可以作为花境中不同植物之间的过渡，带有绒毛的球状植物如垫状植物福禄考等可以在不同的高度制造出色彩的波浪。在植物之间的空隙可以填充一些扁平状的植物，如老鹳草等。一些低矮而有伸展性的植物对花境的边缘也能起到很好的装饰作用（图3.5.25）。

(a) (b)

图 3.5.24 花境的种植形式

（a）花境组团种植形式；（b）小型植株的种植形式

图 3.5.25 花境植物的株形

（4）质感。质感是指植物本身特有的性质。通常包括花和叶片的形状、大小、质地等综合的特性：细腻的、粗糙的，或是处于两者之间的。

质感的不同带给人的感受也不相同：质感粗糙的植物，叶片面积大，表面粗糙，从而使空间显得相对更小；而质感细腻的植物，看起来明朗透彻，能令空间显得更大。质感还会影响到色彩的效果，同样的色彩，表面光滑的植物会显得明亮；而表面粗糙的植物则会显得黯淡（图3.5.26）。

图 3.5.26 花境中不同植物的质感

六、花境设计图的绘制

在考虑好花境设计所涉及的各个要素后,就可以着手将设计构思落实到图纸。为了能营造出一个理想的花境,应该画出花境的位置图、平面图及立面图或效果图。

1. 花境环境位置图

花境环境位置图用平面图的形式表示,按照一定的比例标出花境所在位置的周边环境,包括建筑物、道路、大型植物等。这样有利于了解花境所处的具体环境,以及光照、风向等自然条件。图纸的比例一般根据环境大小采用1∶100～1∶500。

2. 花境的平面图

通常在图纸上先画出花境的轮廓线。如果是规则的边缘就较好处理;如果边缘为自然曲线,则应注意曲线要圆滑、自然,尽量接近植物种植后的状态。然后在轮廓线内部画出各种植物的分布区域,在每个区域上标出相应的植物名称;如果地方不够,可以用编号表示,在图纸的旁边列出相应的植物种类。应该在图纸一侧列出植物名录,详细设计时还需标明植物的编号、中文名、拉丁学名、株高、花色、花期、数量等,以便于准备植物材料。平面图应尽量详细,其比例在1∶50～1∶100比较适宜(图3.5.27)。

序号	植物名称	高度
1	杂色凤仙	15 cm
2	细叶萼距花	25 cm
3	茅冠草	40 cm
4	醉蝶花	50 cm
5	鸟尾花	40 cm
6	花叶美人蕉	60 cm
7	金鱼草	30 cm
8	假连翘	35 cm
9	春羽	50 cm
10	新几内亚凤仙	25 cm
11	尖叶木犀榄	50 cm

图 3.5.27　花境平面图绘制

3. 花境的立面效果图

立面效果图是为了确定花境在立面上的层次关系,同时在施工时对植物的位置能有一个更确切和感性的认识。通常绘制出效果最好的一季景观就行。通过立面效果图有利于比较植物之间的高度、色彩、花期等因素,并考量它们之间的搭配是否和谐与连贯。立面效果图的比例通常为1∶100～1∶200(图3.5.28)。

图 3.5.28　花境立面效果图绘制

4. 设计说明

对于一些有特殊要求或难以在图纸上表达的内容,可以通过设计说明来阐释,包括设计者的创作意图、后期的管理要求等。设计说明应该语言简练，通常附在花境的平面图上，也可以单独列出来。

5. 花境设计图绘制示范

花境设计图绘制示范如图 3.5.29、图 3.5.30 所示。

序号	植物名称	高度
1	孔雀草	15～30 cm
2	红穗铁苋菜	40 cm
3	亮叶朱蕉	40～50 cm
4	金叶番薯	15～20 cm
5	细叶芒	50～70 cm
6	滴水观音	40～60 cm
7	绣球	50～70 cm
8	矮蒲苇	50～70 cm
9	银边草	20～30 cm

图 3.5.29　林缘花境设计图示范

PLANT LIST

A 3 WHITE STONECROP
白景天（花期：4—8）

B 5 GOLDEN CARPET SEDUM
金地毯景天（花期：3—8）

C 1 BARRENWORT
淫羊藿（花期：4—9）

D 6 SEA THRIFT
海石竹（花期：3—9）

E 4 CREEPING THYME
匍匐百里香（花期：4—9）

F 1 NEW ZEALAND FLAX
新西兰亚麻（花期：8—10）

G 4 HYBRID SEDUM
多宝景天（花期：3—7）

H 1 SEALAVENDER
勿忘我（花期：5—7）

I 2 OREGON STONECROP
"俄勒冈景天"（花期：5—7）

J 1 TWO-ROW STONECROP
棱景天（花期：4—9）

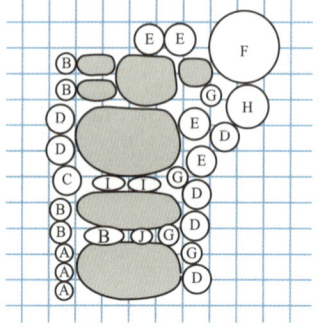

LAYOUT DIAGRAM（each square=1 foot）

图 3.5.30　路缘花境设计图示范

七、花境的施工

花境的施工是花境应用中的一项重要环节，一般应遵循的步骤如图 3.5.31 所示。

勘察现场 ⇨ 种植床准备 ⇨ 定点放线 ⇨ 饰边施工 ⇨ 苗木栽植 ⇨ 初期养护
　　　　　　　　　　　　　　　　　　　　　　⇧
　　　　　　　　　　　　　　苗木准备 ⇨ 起苗及运输

图 3.5.31　花境施工流程图

1. 勘察现场

在了解设计意图和预期效果后，施工者应该到现场勘察情况。对现场的实际情况与花境位置图及说明仔细核对：主要看现场的建筑、树木、地上设施等的位置和体量是否与图纸一致。如果不一致，看能否对现场地物进行调整；如果调整不了，就应该与设计者沟通，对设计图纸进行修改。

2. 苗木准备

苗木质量的好坏、规格大小会直接影响栽植的效果。因此，种植者应该到多家苗圃去号苗，根据设计要求的品种、规格、数量等严格挑选苗木，从而保证理想的栽植效果。

合格苗木的标准有以下三点。

（1）植株健壮，株形丰满，无病虫害。

（2）根系完整并发育良好，最好具有较多的须根。

（3）枝条充实，无机械损伤。

所选苗木的数量应该比设计要求的用量高 10% 左右，以便作为栽植时损坏苗木的补充。

3. 种植床准备

种植床准备是花境施工过程中的重要内容之一。理想的土壤是花境成功的重要保障，整理土地的目的是使土壤尽快熟化，增加土壤的空隙度，以利于通气和保墒。在种植前要因地制宜地对土地进行充分的整理。首先要清除土壤中的各种杂物，包括有害的杂草、残枝、石块、生活垃圾等。其次应根据土壤状况进行整地，若土壤状况比较理想，可以直接翻地 20～30 cm 深；若土壤板结，则需要对土地进行深翻，通常深度为 50～60 cm；较大的土块应该拍打成碎块；若有较多石块应该进行过筛。之后，施加充分腐熟的有机肥，以改善土壤的排水性、通透性、肥力和持水力，然后将土壤平整好。为了排水良好，有些花境还需要根据设计要求做一些微地形。对于排水较差的种植床，可以用石块、木条等垒起高床做成台式花境进行改善（图 3.5.32）。

4. 定点放线

定点放线是指根据设计图纸按比例放样于地面的过程。

首先应按照花境的位置图确定种植床的具体位置，若与周边环境有不和谐的地方，可以在现场进行适当调整。然后根据种植平面图进行放线，先标出花境整体的轮廓线，然后再具体到每个品种的范围和形状。

放线时通常需要的工具有用于进行长度的测量的皮尺，用来在土壤表面勾出花境及各组团轮廓的营养土或白灰，用来确定特殊形状边缘的木棍、细绳或软管。

5. 起苗及运输

起苗是指把植物从苗床中取出的过程。运输是指把苗木从一个地方运送到另一个地方的过程。起苗和运输的原则是及时起苗、及时运输，并且应该及时栽植，以确保苗木的成活率。起苗应该在温度、湿度适宜的时间进行，尽量避免在极端的天气下操作，特别是在阳光曝晒的情况下不宜起苗。

6. 苗木栽植

苗木栽植前应根据设计图纸认真核对苗木种类、规格、数量、位置等。

栽植的顺序一般从花境后部高大的植物开始，依次栽植前面低矮的植物。对于岛式花境、两面观赏花境等，应从中心部位开始栽植，以免影响周边植物的栽植效果。坡地则应该从上往下栽植。对于混合式花境应该先栽植那些大型的植株，如乔木、灌木等；定好骨架后再依次栽植宿根花卉，观赏草，球根花卉，一、二年生草花等（图3.5.33）。

图3.5.32　花境种植床准备　　　　图3.5.33　花境苗木栽植

7. 饰边的施工

饰边的施工分为两种情况。一种是需要做地基的饰边，这种情况应该在整理种植床的同时就将饰边的地基及地上部分做好。常见的有砖石饰边、石条饰边、围栏饰边等，要求坚固、耐用，适用于公园、公共场所等处的花境。另一种是无须做地基的饰边，可以在花境中的苗木种植好后进行施工。例如，卵石或石片堆成的装饰性饰边，只需摆放在花境的边缘，或浅浅地埋在土里即可，适合私家庭园、公园等观赏性强的花境（图3.5.34）。

8. 小品的设置

花境中的小品应该在整理种植床时，按照设计图纸的位置将其设置到位，以免影响后面植物的种植。特别是固定不动的小品，一定要在植物种植前设置好。而对于能够移动的小品，可以在放线时将其定位，在植物种植后再将其放入花境中（图3.5.35）。

小品的设置要稳定、牢固，避免风雨的侵袭使其倾斜或倒塌，从而损坏植物和影响景观。大中型小品，如喷泉、雕塑等，应该挖一定深度的地基，并且在基部加上配重，以保证其稳固。

图3.5.34　花境的饰边　　　　图3.5.35　花境与小品

9. 初期养护

初期养护是指定植后立即进行的养护措施，这是一个非常敏感且至关重要的过渡阶段。及时、恰当的管理是花境成功的基础。

定植后的初次浇水对植物存活非常重要。一般植物栽植后应浇三遍透水：栽植后马上浇第一次；2～3天后浇第二次；再过5～6天浇第三次。每次务必将水浇透，如果土壤下沉要及时补土。

任务实施

一、前期资料收集

1. 项目背景

为深入学习党的二十大精神，全面贯彻新发展理念，服务山东省园林绿化事业高质量发展，进一步推动山东省绿色发展、绿色转型，助力城市更新及人居环境改善，全面提升山东省花境建设管理水平，推动花境专业人才梯队建设，山东省建设工会、山东省园林绿化行业协会在临沂市举办山东省园林绿化行业第二届花境职业技能竞赛。

竞赛聚焦花境设计理念、营造技艺、养护管理和推广应用，旨在全面贯彻新发展理念，提升山东省花境建设管理水平，弘扬工匠精神，推动花境专业人才梯队建设，助力城市人居环境改善，服务山东省园林绿化事业高质量发展。

2. 地块现状

临沂市河湾公园位于临沂市河东区，河湾大桥与滨河东路以南，总面积为18万 m^2，开放区域主要包括阳光草坪区、花境展示区和网红花海区。此次花境设计位于公园花境展示区，设计面积约为60 m^2（图3.5.36）。

图3.5.36 河湾公园现状与花境展示区

二、植物景观方案设计

1. 总体方案设计

竞赛以"齐风鲁韵·花漾山东"为主题，花境的应用不仅符合现代人们对回归自然的追求，也符合生态城市建设对植物多样性的要求。花境植物多样多彩，其生长过程变幻莫测，如宇宙般神秘，吸引人们去探索。

花境以"星轨"为主题，以"圆弧"为设计语言，提取星轨、银河、星球、星光等元素，在遵循花境流线最佳的基础上，优化流线形式，同时考虑沉浸式太空环境的营造，按照穿越星际的形式展开联想，营造科技与浪漫并重的花境。在宇宙里认知，在星球里创造，在银河里探索，在自然中成长。将星轨的神秘感与花境的美妙结合，创造一个引人入胜的"星轨秘境"，为参与者带来独特的视觉感受和对未知领域的探索体验（图3.5.37）。

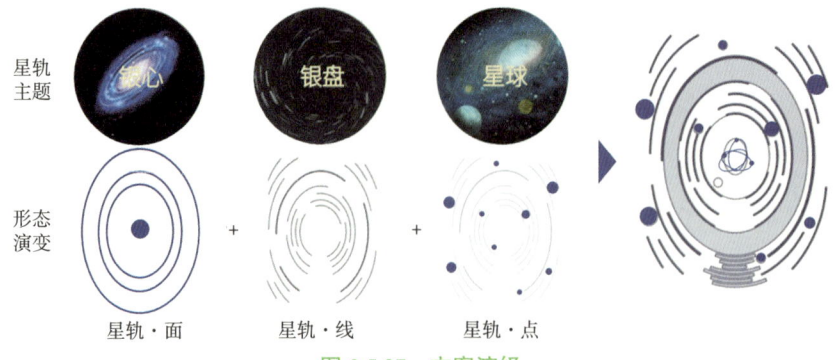

图 3.5.37　方案演绎

"星轨秘境"不仅是一场花境展示，更是一次对艺术、自然和宇宙的探索。通过这场奇幻的设计，唤起人们对自然与宇宙的思考，倡导环保与美学相结合，将大自然的美丽与宇宙的壮阔相互映照，感受时间流逝，留下美好记忆。方案设计如图 3.5.38～图 3.5.40 所示。

图 3.5.38　平面图

图 3.5.39　立面效果图

图 3.5.39　立面效果图（续图）

图 3.5.40　效果图

· 165 ·

2. 植物设计要求

花境设计需保证观赏效果良好且持久长效。参赛队应充分了解施工区域自然条件、植物材料适生性和相应园艺措施，选择适合山东省地域特点的地被花卉、观赏草、花灌木等品种进行花境创作；植物覆盖面积应不低于作品总面积的50%，所选植物应以宿根花卉为主，一、二年生花卉占比不超过30%。

3. 植物设计策略

花境以亮晶女贞球、龟甲冬青球、皮球柏为主要骨架，大大小小的球模拟星轨上不同大小的星球；其中穿插点缀亮晶女贞棒棒糖、蓝色波尔瓦花柏棒棒糖，悬浮于空中，模拟了星轨上星球的立体形象，环绕在不同轨道，共同环绕中心构筑。

各种球类中间加入细叶芒、矮蒲苇、非洲狼尾草、细茎针茅等各种麦秆为黄色的抽穗观赏草，高低层次不同形态穿插，补齐花境植物中层，黄色的观赏草穗婆娑错乱于"星球"之间，填充了明亮星球周围的暗物质，共同组成了完整的星轨。

"萨丽芳"鼠尾草、柳叶马鞭草、紫菀等蓝紫色植物星罗棋布于花境的各部分，随即窜出的亮色点缀了整体偏冷调的植物，为整体花境点睛（图3.5.41）。

4. 植物设计特点

植物配置以球形为骨架，搭配多种形态的芒草，穿插蓝紫色花卉植物，为混合型宿根花境。各色植物环绕在不锈钢线条下，如宇宙中的各色繁星闪烁于星轨之中。花境与构筑物有机地融合在一起，它们彼此映衬、相互支持、共生共荣，通过植物的颜色呼应、高度起伏和形状各异结合环形构筑，营造出一个平衡和谐的景象，将探索者带入神秘的星际轨道。

5. 植物配置表

植物配置如图3.5.42所示，植物配置见表3.5.2。

图 3.5.41　方案演绎

图 3.5.42　植物种植图

项目3　园林植物景观设计案例分析

表 3.5.2　植物配置表

序号	品种名	拉丁学名	株高/cm	3月	4月	5月	6月	7月	8月	9月	10月	11月	12月
1	矮蒲苇	*Cortaderia selloana* 'Pumila'	80~100										
2	细叶芒	*Miscanthus sinensis* 'Gracillimus'	60~80										
3	细茎针茅	*Stipa tenuissima*	30~40										
4	"大布尼"狼尾草	*Pennisetum orientale* 'Tall Tails'	50~60										
5	粉黛乱子草	*Muhlenbergia capillaris*	50~60										
6	"石灰灯"圆锥绣球	*Hydrangea paniculata* 'Limelight'	50~80										
7	花叶玉蝉花	*Iris ensata* 'Variegata'	30~40										
8	紫叶千鸟花	*Gaura lindheimeri* Engelm. & A. Gray	30~40										
9	"巴黎"矾根	*Heuchera* 'Paris'	20~30										
10	大麻叶泽兰	*Eupatorium cannabinum*	80~100										
11	假龙头	*Physostegia virginiana*	30~40										
12	木贼	*Equisetum hyemale*	30~50										
13	狐尾天门冬	*Asparagus densiflorus* 'Myersii'	30~40										
14	绵毛水苏	*Stachys byzantina*	20~30										
15	芙蓉菊	*Crossostephium chinense*	20~40										
16	花叶络石	*Trachelospermum jasminoides* 'Flame'	20~30										
17	荚果蕨	*Matteuccia struthiopteris*	30~40										
18	蓝羊茅	*Festuca glauca* 'Elijah Blue'	20~30										
19	蓝雾草	*Conoclinium dissectum*	30~40										

续表

序号	品种名	拉丁学名	株高/cm	3月	4月	5月	6月	7月	8月	9月	10月	11月	12月
20	迷迭香	Rosmarinus officinalis	30~40										
21	"法兰西"玉簪	Hosta plantaginea 'Francee'	20~30										
22	西伯利亚鸢尾	Iris sibirica	40~50										
23	紫菀	Aster tataricus	30~40										
24	柳叶马鞭草	Verbena bonariensis	60~80										
25	"四月夜"林荫鼠尾草	Salvia nemorosa 'April Night'	30~40										
26	穗花婆婆纳	Pseudolysimachion spicatum (L.) Opiz	30~40										
27	萨丽芳天蓝色鼠尾草	Salvia farinacea 'Sallyfun Sky Blue'	30~40										
28	墨西哥鼠尾草	Salvia leucantha	60~80										
29	"姬十二单"筋骨草	Ajuga decumbens	10~15										
30	金叶过路黄	Lysimachia nummularia 'Aurea'	5~10										
31	金叶石菖蒲	Acorus gramineus 'Ogan'	20~30										
32	薄雪万年草	Sedum hispanicum	5~10										
A	亮晶女贞球	Ligustrum quihoui 'Lemon Light'	60~80										
B	亮晶女贞棒棒糖	Ligustrum quihoui 'Lemon Light'	100~150										
C	龟甲冬青球	Ilex crenata	80~100										
D	球柏	Juniperus chinensis 'Globosa'	50~60										
E	蓝色波尔瓦花柏棒棒糖	Chamaecyparis pisifera 'Boulevard'	90~120										
F	水果蓝	Teucrium fruticans	50~60										

三、植物景观施工过程

1. 整地 – 放线

根据场地相关条件增加土，调整地形，根据施工图定位放线（图 3.5.43）。

图 3.5.43　整地 – 放线

2. 金属收边

放入金属收边条，选择与星轨的金属构筑相似的材料，以形成场地的整体感（图 3.5.44）。

图 3.5.44　金属收边

3. 构筑物定位安装

构筑物定位安装如图 3.5.45 所示。

图 3.5.45　构筑物安装

4. 结合场地设计细化植物

（1）首先将植物骨架摆放落位，包括龟甲冬青球、亮晶女贞球、亮晶女贞棒棒糖、蓝色波尔瓦花柏棒棒糖等植物（图 3.5.46）。

（2）中高层植物：圆锥绣球、粉黛乱子草、"大布尼"狼尾草；把"陨石"摆放进去，骨架部分形成大体的框架（图 3.5.47）。

（3）中低层植物：鼠尾草、花叶玉蝉花、芙蓉菊、荚果蕨、蓝雾草、紫菀等，形成最后摆放的整体效果（图 3.5.48）。

（4）种植过程中做微调整，确保达到"星轨"的最终效果。

项目 3　园林植物景观设计案例分析

图 3.5.46　骨架植物

图 3.5.47　中层植物

图 3.5.48　低层植物

四、成景效果

成景效果如图 3.5.49 所示。

图 3.5.49　成景效果

拓展训练

一、知识测试

（一）填空题

1. 请列举五种适合做花境的宿根花卉：_____、_____、_____、_____、_____。
2. 花境是模拟自然风景中_____自然生长的规律，运用艺术提炼的造景手法，选择_____和_____为主要材料。

3. 请列举三种球根花卉：_____、_____、_____。

(二) 单选题

1. 花境最大的特点是（　　）。
   A. 自然　　　　　　B. 品种丰富　　　　　C. 美观　　　　　　D. 持久
2. 下列景物都可作为花境的背景，其中效果最好的一种是（　　）。
   A. 花墙　　　　　　B. 栅栏　　　　　　　C. 绿篱　　　　　　D. 假山
3. 模纹花坛的色彩设计以（　　）为依据。
   A. 图案纹样　　　　　　　　　　　　　　B. 色彩
   C. 形状　　　　　　　　　　　　　　　　D. 植物的季相景观
4. 考虑景观观赏的持久性，花境材料主要选择（　　）。
   A. 一年生花卉　　　B. 宿根花卉　　　　　C. 球根花卉　　　　D. 二年生花卉
5. 以建筑物、墙、绿篱为背景，整体上前低后高的花境形式属于（　　）。
   A. 对应式花境　　　　　　　　　　　　　B. 墙基花境
   C. 双面观赏花境　　　　　　　　　　　　D. 单面观赏花境

(三) 多选题

1. 下列类型中属于根据植物材料分类的花境形式有（　　）。
   A. 宿根花卉花境　　　　　　　　　　　　B. 一、二年生草花花境
   C. 球根花卉花境　　　　　　　　　　　　D. 混合花境
   E. 对应式花境
2. 花境色彩主要由植物的花色来体现，主要的配色方案有（　　）。
   A. 分裂补色搭配　　B. 三角对立色搭配　　C. 类似色搭配　　　D. 补色搭配
   E. 正方形配色
3. 花境从立面上看应该（　　）。
   A. 整齐一致　　　　B. 层次分明　　　　　C. 错落有致　　　　D. 富有变化
4. 下列植物中适合做花境前景的有（　　）。
   A. 珊瑚树　　　　　B. 八仙花　　　　　　C. 毛地黄　　　　　D. 花菱草
   E. 夏堇

二、技能训练

1. 调查所在城市某一园林绿地类型中的花境景观，列出植物名录表，并选取某一景点进行详细调查，绘制花境平面图、立面图，并列出苗木表（苗木表应包含品种名称、植物高度、冠幅、种植密度等信息）。
2. 完成一处小型花境设计，面积为 $100 \sim 200 \, m^2$，区域自定或教师拟定。具体要求如下。
（1）花境具有一定的主题和时代新颖性、可操作性，主题可结合设计说明进行表述。
（2）花境设计图包含平面图、立面图和效果图，可使用计算机辅助制图或手绘完成。
（3）花境平面图应详细标注所配置的植物，植物材料要求考虑四季景观和可持续性。
（4）有条件可落地实施。

作品赏析

本节选取国外的加拿大布查特花园和国内的广州保利产品体验中心花境景观作为作品赏析案例。加拿大布查特花园被誉为花园中的奇葩，同时也是世界第二大花园，在世界园林史上占有非常重要的地位，它的建设与发展历史充满了传奇色彩，不仅是一个美丽的园林景观，更是一个见证人类智慧和毅力的奇迹。其下沉花园是花园中最令人惊艳的观赏区之一，花境景观让人流连忘返。广州保利产品体验中心花境如同散落的花瓣一样装饰着场地，纯净素雅的色彩组合，恍若一幅英式花园油画。镜面雕塑层叠于花草丛中，虚实之间，隐匿浮躁与喧嚣，邀你赴约一段现代与自然融合、花木与艺术交织、肌理与场地碰撞的缤纷之旅。

花境景观案例赏析

参考文献

[1] 周初梅.园林规划设计［M］.5版.重庆：重庆大学出版社，2021.
[2] 梁健派.碧桂园园林绿化体系研究［D］.广州：华南理工大学，2018.
[3] 刘雪梅.园林植物景观设计［M］.武汉：华中科技大学出版社，2020.
[4] 陈秀波.植物景观设计［M］.武汉：华中科技大学出版社，2017.
[5] 姜吉宁.园林中地形的利用与塑造初探［D］.北京：北京林业大学，2006.
[6] 过元炯.园林艺术［M］.北京：中国农业出版社，1996.
[7] 祝遵凌.园林植物景观设计［M］.北京：中国林业出版社，2012.
[8] 屈海燕.园林植物景观种植设计［M］.北京：化学工业出版社，2013.
[9] 尹吉光.图解园林植物造景［M］.北京：机械工业出版社，2007.
[10] 廖飞勇，覃事妮，王淑芬.植物景观设计［M］.北京：化学工业出版社，2012.
[11] 苏雪痕.植物造景［M］.北京：中国林业出版社，1994.
[12] 刘荣凤.园林植物景观设计与应用［M］.北京：中国电力出版社，2009.
[13] 卢圣.图解园林植物造景与实例［M］.北京：化学工业出版社，2011.
[14] 张柏.图解景观种植设计施工［M］.北京：化学工业出版社，2017.
[15] 克劳斯顿.风景园林植物配置［M］.陈自新，许慈安，译.北京：中国建筑工业出版社，1992.
[16] 刘敏.观赏植物学［M］.北京：中国农业大学出版社，2016.
[17] 陈学红，崔兴林.观赏植物栽培技术［M］.重庆：重庆大学出版社，2014.
[18] 陈会勤，薛金国.观赏植物学［M］.北京：中国农业大学出版社，2011.
[19] 陈雷.芳香植物专类园植物配置及景观营造探析［D］.咸阳：西北农林科技大学，2013.
[20] 雷星宇.湖南芳香植物专类园设计研究［D］.长沙：湖南农业大学，2017.
[21] 黄嘉聪，邱巧玲，何仲坚.广州白云山风景区主要彩叶植物景观调查与质量提升探析［J］.绿色科技，2023，25（1）：62-68.
[22] 祝遵凌.园林树木栽培学［M］.2版.南京：东南大学出版社，2015.
[23] 张祖荣.园林树木栽培学［M］.上海：上海交通大学出版社，2017.
[24] 牛翠娟，娄安如，孙儒泳，等.基础生态学［M］.3版.北京：高等教育出版社，2015.
[25] 贾志国.园林树种的选择与应用［M］.北京：化学工业出版社，2018.
[26] 李恩宝.杭州市校园几种常见绿化植物滞尘能力及光合响应差异［D］.杭州：浙江农林大学，2018.
[27] 温锴.华清池园林植物生境适应性研究［D］.西安：西安建筑科技大学，2014.

［28］ 深圳市北林苑景观及建筑规划设计院.图解园林施工图系列5：种植设计［M］.北京：中国建筑工业出版社，2011.
［29］ 付彦荣.风景园林之于生态文明的价值体现［J］.风景园林，2012（1）：158.
［30］ 苏雪痕.植物景观规划设计［M］.北京：中国林业出版社，2012.
［31］ 陈植.造园学概论［M］.北京：中国建筑工业出版社，2009.
［32］ 彭一刚.中国古典园林分析［M］.北京：中国建筑工业出版社，2008.
［33］ 董丽，包志毅.园林植物学［M］.北京：中国建筑工业出版社，2013.